Wahre FührungsKraft

Michael Jahn

WAHRE FÜHRUNGSKRAFT

So gelingt Leadership ohne Kampf

Campus Verlag
Frankfurt/New York

MIX
Papier aus verantwortungsvollen Quellen
FSC® C089473
www.fsc.org

Klimaneutral
Papier
ClimatePartner.com/13732-1910-1001

ISBN 978-3-593-51689-9 Print
ISBN 978-3-593-45356-9 E-Book (PDF)
ISBN 978-3-593-45355-2 E-Book (EPUB)

Umschlaggestaltung: Guido Klütsch, Köln
Satz: Publikations Atelier, Dreieich
Gesetzt aus: Minion Pro und Barlow
Druck und Bindung: Beltz Grafische Betriebe GmbH, Bad Langensalza
Beltz Grafische Betriebe ist ein klimaneutrales Unternehmen (ID 15985-2104-1001).
Printed in Germany

www.campus.de

Inhalt

Vorwort: Raus aus dem Kampf!

Am Ende meiner Trainings für Führungskräfte stelle ich manchmal die Frage, was bei den Teilnehmenden am stärksten hängen geblieben ist. Oft sagt dann einer: »Raus aus dem Kampf!« Und andere nicken zustimmend. Da ich selbst viele Jahre lang Führungskraft war, weiß ich, wie es sich anfühlt, ständig kämpfen zu müssen. Oder das zumindest zu glauben – was im Alltag auf dasselbe hinausläuft. Wir kämpfen mit Dauerdruck und Zeitmangel, mit knappen Ressourcen, schwierigen Mitarbeitenden und vielem mehr. Manchmal geht der Kampf im Privatleben weiter. Und wir spüren, dass wir sogar in uns selbst gegen etwas kämpfen. Wer nie einen Führungsjob hatte, kann sich wahrscheinlich schwer vorstellen, was ich meine. Deshalb ahnen auch die wenigsten von uns zu Beginn ihrer Karriere, was auf sie zukommen wird. Kaum jemand strebt in eine Führungsposition, um zu kämpfen. Die meisten übernehmen gerne Verantwortung, aber sie suchen keinen Streit. Eigentlich möchten wir alle souverän auftreten, nachhaltig etwas bewirken und am Ende eines Tages zufrieden nach Hause gehen. An den Methoden liegt es nicht, wenn das zu selten gelingt. Das Handwerkszeug kennen wir. Wir verstricken uns jedoch in Kämpfe und verlieren dort unsere Kraft.

Von dieser Erkenntnis bis zum vorliegenden Buch war es für mich ein längerer Weg. Oft bin ich im Anschluss an Trainings, Einzelcoachings oder Keynotes gefragt worden, ob es von mir auch ein Buch gäbe. Lange gab es das nicht, und ich sah auch nicht unbedingt die Notwendigkeit dazu. Methodenbücher mit Tipps und Tricks gab es aus meiner Sicht schon ausreichend und in sehr guter Qualität. Da wollte ich mich nicht auch noch aus Marketinggründen einreihen. Doch dann hörte ich in einem Coaching von einer ambitionierten Frau den Satz: »Das ganze Leben ist ein Kampf!« Dieser Satz ließ mich nicht mehr los, brachte er doch auf den Punkt, was ich all die Jahre bei mir und anderen in Führungssituationen beobachtet hatte. Damit war ich so weit, etwas von dem teilen zu wollen, was mich zunächst selbst immer wieder ein Stück weitergebracht hatte und was ich später auch anderen vermitteln durfte und bis heute vermittle. Dabei geht es nicht um Methoden oder Modelle. Sie werden höchstens hier und da gestreift. Es geht vielmehr um innere Themen. Wirkungsvolle Führung und damit »Führungskraft« im wörtlichen Sinn ist das Ergebnis eines bestimmten inneren Zustands, der Menschen in Führungsrollen angstfrei aus ihrer Mitte heraus handeln lässt. Der Weg zu einem solchen Zustand der Leichtigkeit ist vielschichtig. Kämpfe sind aber das, was hier am meisten hindert. Deshalb habe ich mich entschlossen, dieses Buch anhand typischer Kampfplätze zu strukturieren. Dies gibt dem Thema einen Rahmen.

Am Ende geht es stets darum, einen Kampfplatz zu verlassen und Frieden zu schließen. Das ist leichter gesagt als getan. Ich brauche dazu Klarheit, ich muss mir anschauen, was in der Tiefe geschieht und oft genug im Schatten liegt. Ich brauche Mut und Gelassenheit, um dem ins Auge zu sehen, was sich mir als Realität darbietet, sowohl äußerlich als auch in meinem Inneren.

Diesem Buch wünsche ich Leserinnen und Leser, die mutig und bereit sind, sich auf eine Reise zu unseren täglichen Kampfplätzen zu begeben. Lesende, die darauf gefasst sind, in den Spiegel zu schauen, und offen dafür, die Dinge auch einmal anders zu betrachten als auf die gewohnte Weise. In diesem Buch gibt es sicherlich viel Neues, Ungewohntes, aber auch Vertrautes wiederzuentdecken.

All das speist sich aus meiner persönlichen Führungserfahrung sowie meiner mittlerweile mehr als 20-jährigen Arbeit mit Menschen in Führungsrollen. Die psychologischen Modelle, die ich an einigen wenigen Stellen heranziehe, sind hoffentlich hilfreich, aber nicht das Wesentliche. Wenn dieses Buch es ermöglicht, dass Menschen mit Führungsaufgaben sich selbst und anderen mit mehr Gelassenheit, Klarheit und Souveränität begegnen, hat es seinen Zweck erfüllt.

Jena, im Januar 2022 — Michael Jahn

KAMPFPLATZ KARRIERE: AUFSTIEG UM JEDEN PREIS

Werde ich Führungskraft, weil ich Menschen mitnehmen und begeistern kann? Oder will ich Karriere machen und deshalb – selbstverständlich – auch in eine Führungsposition? Eigentlich ist das eine wichtige Frage für angehende Führungskräfte – die wir uns aber nicht stellen, bevor wir Chefs werden. Bald kommt dann der unerwartet schwierige Alltag im Führungsjob. Wir beginnen zu kämpfen. Doch es geht auch anders.

Die Wirtschaft folgt heute dem Mantra des ewigen Wachstums. Ohne Wachstum gibt es keine steigenden Unternehmensgewinne, keine neuen Arbeitsplätze, keine sichere Rente. Und wie sieht unsere eigene Rolle im Wirtschaftsgeschehen aus? Auch da ist Wachstum längst das Maß der Dinge. Wir folgen der Vorstellung des Wachstums blind und überlegen bereits bei der Berufswahl, wie wir am besten Karriere machen können. Natürlich ist das selten die einzige Überlegung. Aber sie spielt eine sehr zentrale Rolle. Berufe, die keine oder nur sehr wenige Aufstiegschancen versprechen, haben zunehmend ein Nachwuchsproblem. Bereits das Wort »Karriere« ist im Sprachgebrauch allgegenwärtig. Es gibt Karriere-Ratgeber, Karriere-Apps, Karriere-Tage und Karriere-Coachs. »Karriere« hat einen verheißungsvollen Klang. Dabei geht es um Selbstverwirklichung, aber auch um finanziellen Erfolg und den damit verbundenen sozialen Aufstieg. Noch vor dem Ende der Ausbildung geht es oft schon los mit der Karriereplanung. Einerseits sollen uns dann möglichst alle Türen offenstehen. Andererseits darf nichts dem Zufall überlassen werden. Aus Träumen sollen konkrete Ziele werden, die sich ambitioniert verfolgen lassen. Einfach mal irgendwo anfangen, Dinge ausprobieren und den Rest sich ergeben lassen, wirkt zu riskant.

Wer heute »Karriere« sagt, der sagt im nächsten Halbsatz meist »Führung«. Karriere machen und Führungsverantwortung übernehmen scheinen unweigerlich zusammenzugehören. Führungskräfte in Unternehmen und anderen Organisationen sind nun einmal Teil einer Hierarchie – und Hierarchien bringen es mit sich, dass man in ihnen aufsteigen kann. Führung verheißt also Karriere. Das macht Führungspositionen so attraktiv, und zwar gleich in zweifacher Hinsicht: Es geht um Selbstverwirklichung, und es geht um Geld. Der Drang nach Selbstverwirklichung ist in unserer Gesellschaft stark ausgeprägt. »Ich muss etwas aus mir machen«, höre ich schon von Jugendlichen. Einmal in einem Beruf angekommen, sind keinesfalls Stillstand und

Bequemlichkeit angesagt. Ständige Weiterentwicklung und lebenslanges Lernen lauten die Stichworte. Auch in meiner Generation der um die Fünfzigjährigen geht es immer wieder um neue Horizonte und Herausforderungen. Und warum auch nicht? Wir leben heute länger und sind gesünder als frühere Generationen. Wir wollen die Zeit, die uns gegeben ist, sinnvoll nutzen. Als Führungskraft komme ich im Idealfall alle paar Jahre in eine höhere Position mit neuen Perspektiven, erweiterten Verantwortlichkeiten und unbekannten Herausforderungen. So bleibt das Berufsleben spannend.

Schon etwas problematischer ist der zweite Aspekt, der Führungspositionen attraktiv macht: das Geld. In unserer Gesellschaft bedeutet Geld nicht allein Konsum, sondern auch Status. Ich leiste etwas, kann mir etwas leisten und gelte dann etwas. Die Aussicht auf Geld und Status ist verlockend. Manchmal vielleicht zu verlockend, sodass die Frage zu kurz kommt, welchen Preis ich für Wohlstand und Ansehen möglicherweise zahle. Hinzu kommt, dass das Mantra des ewigen Wachstums auch beim Geld unsere Vorstellungen beeinflusst. Wir fragen uns heute kaum noch, wie viel Geld angemessen oder genug wäre oder womit wir auf Dauer zufrieden sein könnten. Unser Motto lautet: Mehr ist mehr. Auch beim Thema Geld ist die Führungskarriere also verheißungsvoll. Einerseits erscheint sie, im Gegensatz zur Karriere als Rapperin oder Fußballer, planbar. Andererseits verspricht sie enorme finanzielle Steigerungsmöglichkeiten. Konzernvorstände beziehen Jahresgehälter in Millionenhöhe. Die erfolgreichsten Gründerinnen und Gründer, Investorinnen und Investoren verdienen noch mehr. Es motiviert uns, wenn wir zumindest eine Chance sehen, in solche Regionen vorzustoßen.

Aber jetzt kommt das Dilemma: Bei all den Wünschen nach Selbstverwirklichung und dem Streben nach Geld und Status bleibt auf der Strecke, worum es bei Führung wirklich geht. Nämlich ums Führen. Um Arbeit mit Menschen. Diese Arbeit muss ich wollen und auch können, um sie gut zu machen. Bei der Berufswahl und später dann bei der Entscheidung für eine Führungskarriere setzen sich jedoch die wenigsten damit auseinander, ob sie tatsächlich Menschen führen wollen. So habe ich es bei mir selbst erlebt, und so beobachte ich es auch bei anderen. Wir fragen uns am Anfang nicht, was Führung heißt, ob uns Führung tatsächlich liegt und ob wir unter Umständen bereit sind, den persönlichen Preis für einen Führungsjob zu zahlen. Auch in der Berufsberatung, bei Bewerbungsinterviews und in Personalgesprächen ist selten Thema, ob jemand, der entsprechendes Potenzial erkennen lässt, auch wirklich führen will. Fragen wie »Wo sehen Sie sich in fünf Jahren?« oder »Wie sieht Ihr ideales Arbeitsumfeld aus?« stacheln eher noch zusätzlich dazu an, sich eine Führungsaufgabe zu wünschen. Wenn wir nicht aufpassen, richtet sich unsere Aufmerksamkeit allein auf den Aspekt der Karriere. Führung ist dann nur noch ein Mittel zum Zweck. Was es im Alltag konkret bedeutet, Menschen zu führen, erscheint zweitrangig.

Unternehmen bieten keine Schnupperkurse in Führung

Ich kenne nur wenige Menschen, die ich als sprichwörtliche »geborene Anführerinnen oder Anführer« bezeichnen würde. Ich selbst zähle mich auch nicht dazu. Klar gibt es sie, die Jungs und Mädchen, die schon im Kindergarten gegenüber den anderen Kindern das Sagen haben und später Klassensprecher sind oder Kapitäninnen von Sportmannschaften. Sie als Erwachsene in Führungsrollen wiederzufinden, wundert einen nicht. Das betrifft aber, wie gesagt, nur wenige. Was also motiviert die meisten von uns, eine Führungsrolle zu übernehmen? Natürlich gibt es darauf nicht nur eine einzige Antwort. Klare Tendenzen sehe ich dennoch. Bei manchen ist sicherlich das Elternhaus prägend. Waren meine Eltern bereits Führungskräfte oder Unternehmer, dann haben sie vielleicht früh die Erwartung an mich herangetragen, dass ich eines Tages ebenfalls eine Führungsrolle übernehme. Ob ich mich danach richte oder nicht, ist dann noch einmal eine persönliche Entscheidung.

Weitaus häufiger bestimmen jedoch ganz andere Motive und Schlüsselmomente darüber, ob wir irgendwann eine Führungskarriere beginnen. Vielleicht habe ich mich im Rahmen meiner Karriereplanung schon mit Führungsaufgaben beschäftigt und gemerkt, dass ein solcher Job alles bietet, was mir wichtig ist: Verantwortung, Herausforderung, Abwechslung, Status, Geld. Dann habe ich die feste Überzeugung, dass Führung das Richtige für mich ist. Ich versuche, möglichst früh den ersten Führungsjob zu bekommen. Bei vielen ist das hingegen ein längerer Prozess. Da ist vielleicht der eigene Chef oder die Chefin ein großes Vorbild, und ich frage mich irgendwann, ob ich so einen Job nicht auch machen möchte. Oder ich werde gefragt: »Sie sind lange genug dabei, fachlich qualifiziert und erfahren mit den Abläufen im Unternehmen – wie wäre es denn mal mit mehr Verantwortung?« Der große Boss sähe mich also gerne als kleinen Boss. Da sage ich ungern nein, weil ich mich durch das Angebot wertgeschätzt fühle. Auch wenn ich vielleicht Bedenken habe, ob ich den Vorschusslorbeeren gerecht werden kann. Manche werden schließlich eher aus der Not heraus Führungskraft. Da ist kurzfristig eine Position freigeworden und wenn ich das jetzt mache, spart sich das Unternehmen eine lange Suche. Also sage ich zu. Mehr Gehalt kann hier ein zusätzlicher Anreiz sein, auch und gerade, wenn ich zum Beispiel vor Kurzem eine Familie gegründet und ein Haus gebaut habe. Einige ahnen sicher schon zu diesem Zeitpunkt, dass Geld im Führungsjob auch Schmerzensgeld sein kann.

Alle diese Wege in eine Führungsrolle haben eine Gemeinsamkeit: Es geht um den *Karriereschritt,* aus welchen Motiven auch immer. Es ist keine bewusste Entscheidung für eine bestimmte Art von Arbeit mit Menschen. Das kann es meistens auch gar nicht sein, denn bevor ich selbst Führungskraft bin, weiß ich in der Regel nicht, was auf mich zukommt. Nach einem Praktikum im Krankenhaus oder Altenheim weiß ein junger Mensch ungefähr, was ihn als Pflegekraft im Alltag erwartet. Die Pfleger und Pflegerinnen werden ihm wahrscheinlich auch bereitwillig Auskunft geben und von den Höhen und Tiefen ihres Jobs berichten. Doch wie unser Alltag als Führungskraft in dieser Firma aussehen würde, wissen wir selbst nach drei oder fünf Jahren als Angestellte dort noch nicht. Ich bekomme als einfacher Mitarbeiter nämlich gar keinen Einblick hinter die Kulissen gewährt. Meine Chefs und Chefinnen beraten hinter verschlossenen Türen. Sie sprechen mit mir auch nicht darüber, was es für sie persönlich bedeutet, Führungskraft zu sein. Geschweige denn, dass sie mir offenbaren würden, welchen

Stress sie haben, bei wie vielen Problemen sie keine Lösung wissen und in welchen Situationen sie Angst vor Gesichtsverlust haben. Das alles darf ich in meinem ersten Führungsjob selbst herausfinden. Entsprechend krass ist das Erwachen, wenn der Arbeitsvertrag als Führungskraft unterschrieben ist und der Alltag losgeht.

»Warum hat mich vorher niemand gewarnt?«, fragt eine Führungskraft bei mir im Coaching. Nach acht Monaten in der ersten Führungsposition ist dieser junge Mann im Dauerstress und mehrmals am Tag kurz davor zu verzweifeln. Da ist er nicht der Einzige. Auf seinen ersten großen Karriereschritt hatte er sich sehr gefreut. Über seinen künftigen Alltag hatte er sich aber keine großen Gedanken gemacht. Und wenn doch, dann hatte er sich alles sehr viel leichter vorgestellt. »Meine Mitarbeitenden machen nicht das, was ich ihnen sage«, stellt er jetzt fassungslos fest und hinterfragt dabei nicht sein Verständnis von Führung. Ist er dazu da, Menschen zu sagen, was sie tun sollen? Wenn ich hauptsächlich die Karriere im Blick habe und nicht das, was Führung wirklich ausmacht, dann beschäftige ich mich wahrscheinlich zu wenig mit meinem zukünftigen Selbstverständnis. Eher schaue ich mir ab, wie es andere machen. Von außen sehe ich aber vielleicht nur Hierarchien und formale Befugnisse und nicht die inneren, sozialen Dynamiken. Die erlebe ich erst, wenn ich selbst drinstecke – und komme dann ganz schnell ins Schwimmen.

Methodenwissen und Selbstoptimierung bringen keine Lösung

Hatten wir uns Führung nicht alle ein bisschen einfacher vorgestellt? Der Job ist äußerst komplex, seine Herausforderungen sind extrem unterschiedlich. Allein über das Ausmaß an Kommunikation, das in einer Führungsrolle notwendig ist, klärt einen vorher niemand auf. An Hochschulen mache ich manchmal Planspiele mit Studierenden, um ihnen Einblicke in das zu geben, was sie in Unternehmen erwartet. So können sie sich ausprobieren. Das hilft schon einmal, aber ich merke auch, wie schnell das Unterfangen an seine Grenzen stößt. Es lässt sich nur schwer simulieren, was es tatsächlich heißt, Tag für Tag mit den Erwartungen von Mitarbeitenden konfrontiert zu sein, die Sicherheit spüren wollen, motiviert werden möchten und immer ein offenes Ohr für ihre Probleme erwarten. Bereits im ersten realen Führungsjob merken wir, wie sehr das unsere Energie verbrauchen kann.

»Was mache ich jetzt bloß?«, fragt eine frisch gekürte Führungskraft im Coaching. Mehr noch als mich fragt sie sich das selbst. Sie meint damit kein einzelnes Problem, sondern die Unklarheit darüber, wie sie ihrer neuen Rolle auf Dauer gerecht werden soll. Denn es gibt anscheinend kein Zurück mehr. Das ist das nächste Dilemma.

Seit rund 20 Jahren coache und trainiere ich jetzt Führungskräfte und habe es während dieser Zeit lediglich zwei Mal erlebt, dass Menschen eine Führungskarriere abgebrochen haben, weil der Job doch nichts für sie war. Alle anderen haben trotz teilweise erheblicher Anfangsschwierigkeiten die Zähne zusammengebissen und weitergemacht. Was lässt uns an einem Job festhalten, wenn es uns darin überhaupt nicht gut geht? Meistens ist Druck die Erklärung. Es ist der Druck, der vom persönlichen und gesellschaftlichen Umfeld ausgeht. Diesen Druck machen wir uns aber auch selbst, je nachdem, welches Selbstbild wir haben, woran wir glauben und welche Lebensziele wir unbedingt erreichen wollen. Eine bestimmte Vorstellung von Karriere hat uns fest im Griff. Familie, Freunde und Kollegen bestärken diese Vorstellung immer wieder. Nach verbreiteter Auffassung heißt Karriere nun einmal, dass es immer weiter nach oben geht. Wer will da nach der ersten Runde schon das Handtuch werfen?

Wo die gesellschaftliche Erwartung lautet, sich permanent zu steigern und weiterzuentwickeln, ist es schwierig, stehen zu bleiben oder gar wieder einen Schritt zurückzutreten. Alle Versuche von Unternehmen, Fachkarrieren als Alternativen zur Führungskarriere zu etablieren, sind mehr oder weniger Nischenangebote geblieben. Sie sind wie alkoholfreier Sekt oder zuckerfreie Kekse – dafür können sich auch nur wenige begeistern. Karriere hat in unseren Köpfen immer auch mit Führung zu tun. Oder ganz unverblümt gesagt: mit Macht. Macht wieder aufzugeben, gilt nicht als positiver Schritt. Machtverlust, Entmachtung, Machtvakuum – das sind alles negativ besetzte Begriffe in unserer Gesellschaft. Bei ihnen schwingt der Gesichtsverlust stets mit. Zumindest gibt es Erklärungsbedarf gegenüber dem Umfeld, wenn ich auf Macht verzichte. Die beiden Personen, die ich beim Rückzug aus ihrer Führungsrolle coachen durfte, haben das am Ende gut hinbekommen. Aber ich erinnere mich noch sehr genau daran, wie schwierig es für sie war. In einem Fall reagierten die Familie und der Freundeskreis völlig verständnislos. Die betroffene Person musste große Ängste überwinden und mit viel aktiver Kommunikation um Verständnis werben. Es bleibt also dabei, dass Rückzug meistens keine Option ist.

Was ist die Alternative zur Flucht? Richtig: der Kampf. Führung ist schwieriger als gedacht, aber wir beginnen, uns durchzukämpfen. So ging es mir am Anfang meiner Karriere auch. Das Motto lautet: Es *muss* irgendwie gehen! Als Erstes versuche ich jetzt vielleicht, mir möglichst viel Methodenwissen anzueignen. Ich studiere stapelweise Fachbücher, besuche Trainings und buche Webinare. Irgendwann merke ich, dass ich, obwohl ich immer mehr weiß, immer mehr Theorien und Modelle kenne, mich trotzdem in meiner Rolle als Führungskraft nicht sicherer fühle. Der Stress ist auch immer noch derselbe. Ich kann es jetzt mit Selbstoptimierung probieren. Ich stehe früher auf, mache mehr Sport und esse mittags nur noch einen kleinen Salat, um fit zu bleiben. Zeitmanagement ist ebenfalls angesagt, es wird sortiert und priorisiert. Mein digitaler Kalender hat auf einmal viele bunte Farben, die alle irgendetwas bedeuten. Nur der Druck hat immer noch nicht abgenommen. Okay, dann muss eben die Familie Opfer bringen. Sie muss abends und am Wochenende öfter auf mich verzichten, damit ich meine Arbeit schaffe. Irgendwann arbeite ich jeden Abend noch einmal eine Runde, sobald die Kinder im Bett sind. Und ich arbeite nicht nur hin und wieder am Wochenende, sondern jedes Wochenende. Urlaub mit der ganzen Familie? Das können wir gerne machen, wenn ich mit dem Laptop am Pool sitzen darf und endlich mal dazu komme, in Ruhe abzuarbeiten, was sich seit Wochen aufgestaut hat. Kann so etwas auf Dauer gutgehen?

In der Spirale von Druck, Stress und Erwartungen

»Das mit dem Stress ist jetzt nur eine Zwischenstufe«, sagt mir eine mittlere Managerin, Anfang 30, im Seminar. »Wenn ich in meiner Karriere erst einmal weiter bin, wird es einfacher werden. Dann habe ich ja auch mehr Erfahrung.« Eine andere Führungskraft, männlich, Ende 30, denkt ähnlich: »Ich klotze jetzt noch mal richtig ran. Dann brauche ich nicht bis zum offiziellen Rentenalter zu arbeiten. Mein Anlageberater hat ausgerechnet, dass ich es schaffen kann, bis 54 finanziell unabhängig zu sein und auszusteigen.«

Sind solche Gedankenspiele wirklich hilfreich? Ich bezweifle das und sage es den beiden auch. Wenn wir so denken, setzen wir unsere Hoffnung auf einen fernen Tag in der Zukunft. Den Stress und den Druck haben wir aber im Hier und Jetzt. Unsere Familien leiden im Hier und Jetzt. Und es sind unsere Freunde im Hier und Jetzt, bei denen wir uns nur noch zum Geburtstag melden und mit denen wir unseren Alltag nicht mehr teilen. Es ist menschlich und absolut verständlich, sich in Illusionen zu flüchten, um den inneren Druck zu reduzieren, und die Hoffnung nicht aufzugeben. Besser ist es aber, sich mit der Realität zu konfrontieren. Das ist der notwendige erste Schritt, um im zweiten Schritt konkrete, direkt umsetzbare Lösungen zu finden. Und was ist die Realität? Sie heißt für viele von uns, in einem Teufelskreis gefangen zu sein.

Dass die Führungskarriere ein One-Way-Ticket ist und es gefühlt kein Zurück mehr gibt, erwähnte ich bereits. Karriere hat außerdem immer auch ihre soziale und private Seite, außerhalb eines Unternehmens. Wir sind aufgestiegen, verdienen mehr, können uns mehr leisten und wollen das auch genießen. Je nach Charaktertyp wollen wir anderen vielleicht auch zeigen, was wir uns leisten können. So wird der Lebensstil mit jeder Karrierestufe entsprechend angepasst. Der Kredit für das Haus will abbezahlt sein und die beiden Autos vor der Tür sehen nicht nur schick und sportlich aus, sondern haben auch die entsprechende Leasingrate. So ermöglicht Karriere nicht allein einen höheren Status, sondern erzeugt auch einen subtilen Druck, diesen Status auf Dauer zu halten. Der zitierte Anlageberater hat vielleicht solide gerechnet, aber an erster Stelle stehen für ihn möglicherweise doch seine eigenen Provisionen. Sein ganzes Konstrukt funktioniert auch nur so lange, wie die Wirtschaft brummt. Die Rente mit 54 ist somit alles andere als eine sichere Sache. Will ich trotzdem auf diese Karte setzen? Was ist, wenn bis dahin die Familie auseinanderbricht?

Bei aller Emanzipation der Frau sind wir Männer heute immer noch oft in der Rolle des Ernährers der Familie. Das kann zusätzlichen Druck bedeuten, der hier meistens im eigenen Kopf entsteht. »Meine Frau läuft mir weg, wenn wir uns nicht mehr genug leisten können«, behauptet ein Abteilungsleiter, den ich coache. Sind solche Befürchtungen berechtigt? Ich kann diesem Mann helfen, das offene Gespräch mit seiner Partnerin zu suchen. Und siehe da: Das Geld ist ihr gar nicht so wichtig, wie er glaubte. Wichtiger ist ihr, dass es der ganzen Familie gut geht und ihr Mann endlich weniger Stress hat.

Wenn wir erst einmal auf dem Kampfplatz Karriere gelandet sind, läuft irgendwann ein irrer Film in unseren Köpfen ab. Aus Druck und Stress werden Gedankenschleifen und negative Szenarien. Wir sind überzeugt, dass unsere schöne Welt untergehen wird, sobald wir aufhören zu kämpfen. Wir sind so sehr davon überzeugt, weiterkämpfen zu müssen, dass selbst Schlafstörungen und psychosomatische Erkrankungen unseren Kampf nicht stoppen können. Gegen beides gibt es ja Medikamente. Aber was wäre, wenn der Kampf auch einfach enden könnte? Wenn es einen Ausweg aus dem Teufelskreis gäbe?

Schauen wir uns einmal Menschen an, denen es anscheinend gelungen ist, sich der Spirale aus immer höheren Zielen, immer mehr Status und immer mehr Druck und Stress zu entziehen. Ich denke da zum Beispiel an einen Geschäftsführer im Mittelstand, Ende 50, der jederzeit entspannt und gelassen wirkt. Er fährt einen Mittelklassewagen und kommt im Sommer auch mal in lockerer Kleidung ins Büro. Am Wochenende liest er keine E-Mails mehr, sondern geht mit seiner Frau wandern. Auch eine Managerin Ende 40, die Finanzvorstand in einem Unternehmen ist, arbeitet nicht rund um die Uhr. Sie wirkt konzentriert und in sich selbst ruhend. In Gesprächen ist sie anderen Menschen zugewandt, hört geduldig und aufmerksam zu, sagt aber auch höflich und bestimmt, wenn ihre eingeplante Zeit abgelaufen ist. Gemeinsam mit ihrem Mann besucht sie an den Wochenenden

Kunstausstellungen oder alte Kirchen. Was machen diese Menschen anders, trotz ihrer Karriere? Ich glaube, dass nicht ihr Auftreten oder ihre Interessen als solche den Unterschied machen. Es ist vielmehr die Folge einer inneren Entwicklung, die sie durchgemacht haben. Sie sind an einem bestimmten Punkt aus dem Kampf ausgestiegen. Sie haben Stopp gesagt.

Stopp sagen – und sich mehr auf das Leben einlassen

Wir können den Kampfplatz Karriere jederzeit verlassen. Stopp zu sagen und auszusteigen, ist nicht an ein fortgeschrittenes Lebensalter oder eine bestimmte Hierarchiestufe innerhalb einer Organisation gekoppelt. Alles, was es dazu braucht, ist eine Entscheidung und die Bereitschaft, sich innerlich auf den Weg zu machen. Dieser Weg führt zu einem anderen Verhalten und besseren Beziehungen zu den Menschen im Umfeld. Dass wir oft erst ab Mitte 40 oder 50 entspannter, gelassener und konzentrierter werden, liegt daran, dass es Geduld braucht und einen Erkenntnisprozess voraussetzt, aus dem Kampf auszusteigen. Älter zu werden, begünstigt das vielleicht, aber der Weg steht auch Jüngeren offen.

Was braucht es dazu? Erst einmal das Ja zur Situation, wie sie ist. Ja, ich habe mich für eine Führungskarriere entschieden, aus welchen Gründen auch immer. Und sei es, weil eins zum anderen kam. Ja, ich hatte mir das einfacher vorgestellt, als es war und ist. Ja, ich habe vielleicht auch Fehler gemacht, die Dinge zu verbissen gesehen und zu sehr gekämpft. Gleichzeitig habe ich jetzt immer noch die Chance, meinen Job so zu machen, dass er mich innerlich erfüllt und dabei dem System und anderen Menschen nützt.

Wenn wir Führung von Menschen als einen Erfahrungsraum voller Möglichkeiten betrachten, sieht der Alltag bald anders aus. Vergessen wir unsere Karriere doch einfach mal. Vertrauen wir darauf, dass es schon gut weitergehen wird und wir die passende nächste Chance bekommen werden, wenn wir unseren Job im Hier und Jetzt lieben und richtig gut machen. Richten wir den Fokus wieder mehr auf die Menschen, für die wir arbeiten, und weniger auf Geld und Status oder Existenzsicherung. Begeben wir uns neu auf die Reise, ohne uns dafür zu verurteilen, wie wir bisher unterwegs waren. Wir müssen viele Dinge erst in allen Facetten erlebt haben, um sie loslassen zu können. Ich liebe es heute, völlig unabhängig vom Status, mit dem Auto oder der Bahn zu meinen Veranstaltungen zu reisen. Die Außenwirkung war mir früher diesbezüglich viel wichtiger. Heute, mit 50, trage ich einen Anzug, wenn ich Lust dazu habe, und Chinohose und Hoody, wenn mir danach ist. Ich erlaube mir, mit unterschiedlichen Stilen zu spielen.

Wenn wir ein Thema wirklich durchlebt haben und lächelnd auf unsere Vergangenheit zurückblicken können, dann wissen wir, was wir an unseren Erfahrungen haben. Wir wissen, dass wir ohne diese Erfahrungen nicht dort wären, wo wir heute sind. Wir können in den Spiegel schauen, zugeben, dass wir zu sehr gekämpft haben, und uns ansehen, was der Kampf aus uns gemacht hat. Wir sind frei, uns neu zu entscheiden. Natürlich können wir auch noch eine Weile so weitermachen, wenn wir meinen, die Erfahrung noch länger zu brauchen. Dagegen ist grundsätzlich nichts einzuwenden. Wir können uns aber auch entscheiden, einen Prozess zu beginnen und uns schrittweise innerlich zu verändern. Gleichgültig, aus welchen Gründen wir Führungskraft geworden sind: Wir sind es jetzt und setzen unsere Reise fort. Ab sofort ist es eine selbst gewählte Reise, weil wir uns neu dafür entschieden haben. Vielleicht ist es sogar eine Art Experiment? Mal schauen, was sich noch alles entdecken lässt. Aussteigen ist dazu gar nicht nötig. Auch das Neue im Bekannten lässt sich entdecken.

Am Ende geht es darum, sich mehr auf das Leben einzulassen und Dinge auch einfach mal geschehen zu lassen – selbst die wichtigen Dinge im Leben. Sie geschehen sowieso, also können wir uns auch gleich etwas mehr entspannen. Wir planen unsere Karrieren, obwohl wir eigentlich wissen, dass das Leben als solches nicht planbar ist. Das sagt uns der gesunde Menschenverstand. Wie wäre es daher mit einem eher spielerischen Ansatz, auch im Hinblick auf die eigene Karriere? Egal, wo ich gerade stehe – es gibt immer unzählige Möglichkeiten, wie das Leben weitergehen kann. Die Zukunft ist niemals etwas Fixes. Und macht das nicht das Leben erst aus? Sorgt das nicht für unsere Lebendigkeit? Sobald ich mir klarmache, dass ich nie alles im Griff haben werde, egal wie sehr ich mich auch anstrenge, kann ich loslassen und beginnen, mutiger zu sein und mehr auszuprobieren. Natürlich sollte ich das nicht wie ein Verzweifelter tun, sondern in kleinen Schritten und immer mit dem kritischen Blick auf das, was als Nächstes passiert. Dazu gehört, sich zu öffnen und mehr mit Menschen zu kommunizieren – mit Mitarbeitern, Kollegen und eigenen Chefs, aber auch mit der Familie und mit Freunden. Raus aus dem Kampf heißt auch: Raus aus der Spekulation über das, was andere Menschen denken und planen, und rein in den Dialog. So lösen sich Ängste in Luft auf.

Karriere machen, ohne darum zu kämpfen

Dürfen wir wirklich loslassen? In einer Rolle mit Führungsverantwortung, in der es möglicherweise täglich um viel Geld und die Sicherheit von Menschen und ihren Familien geht? Ja, wir dürfen und sollten es auch. Denn wir helfen damit nicht nur uns selbst, sondern werden auch unserer Verantwortung innerhalb eines Systems wieder besser gerecht. Kampf ist immer nur eine Scheinlösung. Wer kämpft, bekommt einen Tunnelblick und macht genau die Fehler, die er vermeiden will. Loslassen und sich für andere Menschen öffnen ist der Weg zu wahrer Führungskraft. Positionen, Geld und Status sind äußere Faktoren, die schnell innerlich abhängig machen. Wir sind ängstlich und besorgt um diese Dinge, weil wir wissen, dass wir sie jederzeit verlieren können. Ich persönlich habe überhaupt nichts gegen Geld, auch nicht gegen viel Geld. Ich will nur nicht, dass der Mut und die Zuversicht, mit denen ich durchs Leben gehe, von meinem Kontostand abhängig sind. Finanzielle Freiheit ist sicherlich ein Aspekt von Freiheit, aber nur ein relativ kleiner. Die wirkliche Freiheit kommt aus dem gefestigten, erwachsenen Selbst. Sie ist verbunden mit der Zuversicht, für sich selbst jederzeit gut sorgen und seine Probleme lösen zu können.

Oft merken wir gar nicht, dass wir in einem kindlichen Modus der Anpassung unterwegs sind oder immer noch glauben, anderen etwas beweisen zu müssen, um Anerkennung zu bekommen. In Karrieren können wir uns auch selbst leicht verlieren, wenn wir zu sehr auf äußere Dinge starren, anderen gefallen wollen oder immer wieder die Bestätigung brauchen, dass wir alles richtig machen. Sobald ich den Kampf beende, werde ich mutiger, mich zu positionieren. Ich kann mich dann fragen: Wovor habe ich eigentlich Angst? Wenn mir Status nicht mehr so wichtig ist und ich das Vertrauen ins Leben habe, dass es immer irgendwie weitergehen wird, selbst wenn die Zeiten einmal schwierig sind, dann löst sich schon einmal ein großer Brocken Angst. Ich muss es nicht allen recht machen, nicht jeden nächsten Schritt planen und nicht alle Risiken im Voraus abwägen. Ich kann meine Energie darauf verwenden, mutig in schwierige Situationen hineinzugehen. Vor allem kann ich mich jetzt mit Menschen auf Augenhöhe auseinandersetzen, egal auf welcher Hierarchieebene sie sich befinden.

Ist meine Karriere erst einmal zum Kampf geworden, leidet auch die Kommunikation darunter. Umgekehrt kann offene, ehrliche und empathische Kommunikation so ziemlich jeden Kampfplatz befrieden. Ich bin immer wieder begeistert, was alles möglich ist, wenn Menschen mehr miteinander sprechen und dabei ehrlicher zueinander sind. Wer sagt zum Beispiel, dass ich nur dann weiter Karriere mache, wenn ich ohne zu murren immer mehr Aufgaben übernehme und in mehr Projekten mitmische, als ich noch überblicken kann? Ich habe das Recht, Prioritäten zu setzen und meine Grenzen zu wahren. Was passiert, wenn ich das gut begründet, vorwurfsfrei und wertschätzend gegenüber anderen kommuniziere? Meistens nichts. Kein Gesichtsverlust und kein Karriereknick. Dafür oft großes Verständnis. Offener Diskurs schadet den wenigsten Karrieren. Viele warten sogar darauf, dass einer einmal den Anfang macht und mutiger kommuniziert. In der Folge werden sie dann auch selbst weniger verkrampft. Und wer sagt, dass ich als Führungskraft für jedes Problem gleich eine Lösung haben muss? Vielleicht entdecke ich, dass ich die Lösung auch gemeinsam mit anderen finden kann – und diese Lösung dann vermutlich auch noch besser ist als die, die ich mir allein ausgedacht hätte.

Wir können Karriere machen, ohne darum zu kämpfen. Am Ende

ist es fast immer eine Urangst, die uns blockiert, uns zu öffnen und dem Leben und anderen Menschen mehr zu vertrauen. Mit jeder positiven Erfahrung des Loslassens weicht die Angst und macht Platz für eine neugewonnene Freiheit. Ich kann mich jetzt fragen: Was will ich wirklich? Was bedeutet mir Karriere, und was heißt es für mich, andere Menschen zu führen? Vielleicht muss ich dazu ein wenig in meiner Biografie zurückgehen und mich wieder mit dem verbinden, wovon ich als Kind oder Jugendlicher geträumt habe. Wie habe ich mir meine Zukunft als Erwachsener vorgestellt?

Für mich persönlich hatte Erwachsensein sehr viel mit Freiheit zu tun. Deshalb frage ich mich auch heute immer wieder, inwiefern ich mehr Freiheit gewinnen kann. Das bedeutet für mich vor allem innere Freiheit und ist nichts, was man mit Geld kaufen kann. Andere besinnen sich vielleicht darauf, dass sie sich in jungen Jahren für ein Produkt oder eine Technologie begeisterten und deshalb eine Karriere in einer bestimmten Branche begonnen haben. Auch damit kann sich jemand noch einmal neu verbinden und sich seinen Enthusiasmus zurückholen. Für wieder einen anderen ist der Kern von Führung wirklich die Arbeit mit Menschen, die soziale und kommunikative Seite des Jobs als Führungskraft. Was auch immer unsere wahren Bedürfnisse und Ziele sind: Sobald wir den Kampfplatz Karriere verlassen haben, entsteht Raum für das Abenteuer Karriere – ein Abenteuer voller Überraschungen. So wie das Leben selbst.

Übung: Ihre Führungskarriere

Wie wir in unserem bisherigen beruflichen Leben Führung wahrgenommen haben und wie wir in unsere Führungsposition gekommen sind, ist mitunter maßgeblich dafür verantwortlich, was wir unter Führung verstehen und wie klar und unabhängig wir uns in ihr bewegen.
Nehmen Sie sich daher ein paar Minuten Zeit für folgende Fragen. Reflektieren Sie im Anschluss daran gern, inwieweit die Antworten Aufschluss über Ihr bisheriges Führungsver-

ständnis, Ihre Motivation zur Führung und mögliche Abhängigkeiten geben.

1. **Wie bin ich zu meiner jetzigen Führungsposition gekommen? Habe ich mich darauf beworben? Hat mich jemand gefragt oder mich befördert? Oder stand dafür gerade niemand anderes zur Verfügung?**

Bei Ihrer Antwort ist es interessant zu reflektieren, welche offenen oder auch unausgesprochenen Versprechungen in Verbindung mit der Übernahme der Führungsaufgabe auf beiden Seiten gemacht wurden. Haben Sie das Vereinbarte so auch bekommen? Gibt es da womöglich Klärungsbedarf? Vielleicht fühlen Sie sich aber auch durch diese Möglichkeit des Führens Personen verpflichtet? Wenn ja, ist diese »Verpflichtung« eher motivierend oder Druck auslösend?

2. **Wer hat mich in meiner beruflichen Laufbahn als Führungskraft positiv oder auch negativ beeinflusst und warum?**

Hier ist es spannend, der Frage nachzugehen, ob Sie mitunter aufgrund Ihrer Führungsprägung jemandem nacheifern oder sich bestimmte Verhaltensmuster aufgrund eigener schlechter Erfahrungen verbieten. Dies kann dazu führen, dass Sie zu sehr von sich selbst auf andere schließen und damit an Handlungsvielfalt im Führungsalltag verlieren.

3. **Was bedeutet eine erfolgreiche Führungskarriere für mich?**

Versuchen Sie bewusst ehrlich zu sich selbst zu sein: Was treibt Sie an? Wann sind Sie in Ihren Augen beruflich erfolgreich?

Welche Rolle spielen für Sie Macht, Einfluss, Status, Geld und Anerkennung dabei? Welchen Preis sind Sie für Ihre erfolgreiche Führungskarriere bereit zu zahlen und welchen nicht? Bitte schauen Sie sich alle Motive und Erfolgsfaktoren wertfrei an. Sie sind alle legitim und erst, wenn Sie uns bewusst sind, können wir frei entscheiden, welchen Stellenwert wir ihnen situativ geben. Wiederholen Sie diese Reflexion regelmäßig, und seien Sie offen für Veränderungen in Ihrer Sichtweise.

KAMPFPLATZ SYSTEM: KEIN BUDGET, KEINE LEUTE, KEINE LUST

Wie viel einfacher wäre Führung, wenn es unbegrenzte Ressourcen gäbe. Dann könnten Führungskräfte es allen recht machen. Ein Traum! In der Realität lassen knappe Ressourcen ein systemisches Spannungsfeld entstehen, aus dem es kein Entrinnen gibt. Wer sich das zu wenig klarmacht, zieht ständig in den Kampf. Doch aus dem Spannungsfeld ließe sich genauso gut ein spannendes Spielfeld machen.

Das Grundproblem von Führung in Organisationen ist nicht lösbar. Das klingt im ersten Moment zwar nicht nach einer besonders ermutigenden Botschaft, doch näher betrachtet kann diese Einsicht zu einem Befreiungsschlag für alle werden, die Führungsverantwortung übernommen haben. Sehen wir uns zunächst an, was ich mit dem Grundproblem meine. Als Führungskräfte haben wir einerseits die Aufgabe, eine Organisation am Leben zu erhalten. Das Unternehmen soll produktiv sein und es auch bleiben. Die Produktivität sicherzustellen, ist also gewissermaßen unser Auftrag vonseiten des Systems. Sobald die Organisation in ihrer Existenz gefährdet ist – weil sie das, was der Markt will, nicht mehr in der nötigen Qualität produziert –, hat sich die Sache erledigt. Dann gehen allmählich die Lichter aus. Das ist die harte Realität des Wirtschaftslebens, über die zwar niemand den ganzen Tag lang spricht, die aber im Hintergrund stets präsent ist.

Auf der anderen Seite stehen die Erwartungen und Bedürfnisse der Menschen, mit denen wir im Alltag agieren. In den Augen der Mitarbeitenden sollen Führende vor allem für bestmögliche Arbeitsbedingungen sorgen. Sie sollen sich kümmern, Antworten liefern, Konflikte lösen, Sicherheit geben, motivieren und inspirieren. Das alles umreißt sozusagen den Auftrag der Menschen innerhalb des Systems an die Führungskräfte. Während der letzten Jahre hat diese Seite wesentlich mehr Gewicht bekommen. Wir erleben einen gesellschaftlichen Wandel, der auch die Vorstellung von Führung bereits verändert hat. Führung heißt heute längst nicht mehr, bloß zu sagen, wo es langgeht. Führung bedeutet beispielsweise auch, Talentmagnet zu sein und bestehende Mitarbeitende langfristig zu binden. Zunehmend geht es außerdem darum, die Entwicklung der Mitarbeitenden zu unterstützen. Über »Führung als Dienst am Menschen« hätten Silberrücken vom alten Schlag nur die Köpfe geschüttelt. Heute ist das ein viel diskutiertes Konzept.

In einer idealen Welt wäre es überhaupt kein Problem, beide Aufträge zu erfüllen: das Überleben der Organisation sichern, die höchstmögliche Produktivität sicherstellen – und gleichzeitig den Menschen im eigenen Verantwortungsbereich jederzeit gerecht werden, das heißt, ihre Bedürfnisse zu erkennen und zu erfüllen. Wie wir alle wissen, existiert die ideale Welt noch nicht. Einstweilen müssen wir mit der Welt vorliebnehmen, in der wir leben. Und in dieser Welt gibt es keine unbegrenzten Ressourcen. Wirtschaft ist stets der Umgang mit Knappheit, sonst bräuchte es gar keine Wirtschaft. Deshalb hat eine Organisation, die überlebensfähig sein will, immer Grenzen im Budget. Die Menschen im Unternehmen wünschen sich dies und jenes, hätten gerne mehr Leute für das eine Projekt und eine teure Fortbildung für ein zweites. Alles auf einmal geht aber nicht. Hinzu kommt der Zwang zu ständigem Wachstum. Es reicht für ein Unternehmen eben nicht, so zu bleiben, wie es ist, um sich am Markt zu behaupten. Nein, es muss wachsen, wachsen, wachsen. Das ist also eine weitere Anforderung des Systems. Als Führungskraft will ich es natürlich hinbekommen und definiere entsprechend anspruchsvolle Ziele. Dann kommen andere Akteurinnen und Akteure innerhalb des Systems zu mir und sagen: »Das geht nicht, das Geld reicht nicht, wir haben nicht die nötigen Strukturen, Prozesse und so weiter.«

So vergrößert sich das Spannungsfeld zwischen den Anforderungen des Systems an Überlebensfähigkeit und Wachstum trotz begrenzter Ressourcen auf der einen Seite und den Wünschen und Bedürfnissen von Mitarbeitenden, die sich nur mit annähernd unbegrenzten Ressourcen alle auf einmal erfüllen ließen, auf der anderen Seite. Dieses Spannungsfeld lässt sich eben nicht auflösen. Genau das ist das Grundproblem von Führung. Ist Führung deshalb generell zum Scheitern verurteilt? Nein, Führung muss sich schlicht und einfach in dem beschriebenen systemischen Spannungsfeld abspielen. Das ist eine Tatsache, und mit dieser Herausforderung ließe sich auch umgehen. Bloß geschieht in den meisten Organisationen etwas anderes: Das systemische Spannungsfeld wird zum Kampfplatz. Dabei ist der Weg zur Hölle mit guten Vorsätzen gepflastert. Die Führungskräfte wollen es möglichst gut machen. Sie wollen dem System dienen und ebenso den Menschen. Doch sie reiben sich dabei mehr und mehr auf.

Rackern bis zum Umfallen oder zum Zyniker werden?

Wir schaffen es nicht, aus dem System herauszutreten, uns innerlich unabhängig zu machen und dann aus einer Haltung der Unabhängigkeit heraus auf das System zu schauen. Das ist das Dilemma. Dadurch entsteht der Kampf. Wenn alle wüssten und akzeptiert hätten, dass die systemischen Bedingungen nicht zu ändern sind und sich nur so gut wie möglich damit umgehen lässt, wäre der Kampf sofort zu Ende. Was ich stattdessen fast täglich in Unternehmen beobachte und früher auch bei mir selbst in meiner Rolle als Führungskraft erlebt habe, ist etwas anderes: Es wird so sehr gerackert, dass einem das systemische Dilemma überhaupt nicht auffällt. Dafür ist man zu beschäftigt. Vor lauter Eifer, sowohl dem System als auch den einzelnen Menschen bestmöglich zu dienen, treten wir niemals einen Schritt zurück, um uns klarzumachen, dass nicht sämtliche Grenzen beliebig verschiebbar sind. Unsere »Du kannst alles erreichen«-Kultur suggeriert Letzteres zwar, aber es stimmt nicht. Statt das systemische Spannungsfeld als solches wahrzunehmen und anzuerkennen, werden in Unternehmen häufig Schuldige gesucht. Wer hat Schuld, dass es nicht rund läuft, dass es nicht weitergeht, dass alles an mir hängen bleibt, dass ich so viel Stress habe? Die Frage ist eigentlich müßig, aber das merken wir gar nicht.

Natürlich haken Prozesse, und Menschen treffen fragwürdige Entscheidungen. Doch das ist nach meiner Erfahrung nirgendwo das Kernproblem, sondern, dass der Idealzustand auch mit noch so viel Anstrengung nicht erreichbar ist. Die einen strengen sich trotzdem immer weiter an, während andere irgendwann sarkastisch werden. Wer sich jedoch einmal eine zynische Haltung zu seiner Führungsaufgabe zugelegt hat, kann sie nur schwer wieder ablegen. Er findet nicht mehr zurück zu einer lösungsorientierten Einstellung. Denjenigen, die sich auf der Suche nach perfekten Lösungen immer mehr und noch mehr anstrengen, geht es aber kaum besser, solange es ihnen ebenfalls nicht gelingt, innerlich einen Schritt zurückzutreten. Einmal in der chronischen Überforderung, wird es noch schwieriger, sich im systemischen Spannungsfeld zu bewegen. Sobald dann noch die Möglichkeiten der Selbstoptimierung ausgereizt sind, werden jedes kleine Missverständnis und jede zusätzliche Anforderung zum Riesenproblem. Das heizt den Kessel immer mehr an, und schließlich ist der Alltag Stress pur.

Wenn wir uns permanent an einem Problem aufreiben, das wir nicht lösen können, kommen wir irgendwann an unsere persönlichen Grenzen. Einige sagen dann: »Ich habe das Gefühl, hier nichts mehr bewegen zu können, deshalb gehe ich.« Sie verlassen das System. Nur sehr selten bedeutet das aber, dass sie beruflich etwas komplett Neues anfangen. Man könnte ja auch einen Bioladen eröffnen oder auf den Kanaren Schlagzeugunterricht geben. Aber umsatteln beziehungsweise aussteigen ist leichter gesagt als getan. Da bewirbt man sich lieber erst einmal auf eine Führungsposition in einem anderen Unternehmen. Dagegen ist auch gar nichts einzuwenden, außer, dass es vielen dort nur kurzfristig besser geht – nämlich genau so lange, bis sie merken, dass wieder dieselben Probleme auftauchen wie vor ihrem Wechsel. Das verflixte systemische Spannungsfeld existiert natürlich auch in dem neuen Unternehmen.

Andere wiederum sagen mir im Coaching: »Ich erreiche meine Ziele nicht, aber es ist halt so. Ich habe keinen alternativen Lebensplan, und ich weiß, dass es in anderen Unternehmen genauso aussieht. Ich kann es nicht ändern.« Das klingt vielleicht abgeklärt, bedeutet aber Resignation und ist ebenfalls keine lösungsorientierte Haltung. Wenn ich resigniert habe, ziehe ich mich selbst und andere immer weiter runter und bekomme dadurch nur noch mehr Probleme. Nicht selten kommt es über kurz oder lang zu psychosomatischen Erkrankungen.

Krank werden auch diejenigen, die immer weiter kämpfen und sich aufreiben. Manche können von Glück reden, dass sie krank werden. Das klingt hart, ich weiß. Worauf ich hier hinauswill, ist das klare Feedback, das unser Körper uns gibt, wenn wir unsere Situation nicht wahrhaben wollen. Im günstigsten Fall ist dieses Feedback ein eher harmloser Warnschuss, ein Schwächeanfall zum Beispiel oder ein Infekt, von dem wir uns wochen- oder monatelang nicht mehr richtig erholen. Manchmal ist es sogar Ärzten und Ärztinnen ein Rätsel, was da passiert.

Ich habe das nicht nur bei anderen schon oft erlebt, sondern auch bei mir selbst. Der Körper sagt: »Bis hierher und nicht weiter! Schluss mit dem ständigen Raubbau an deinen Kräften!« Auch solch ein Weckruf lässt sich überhören, das ist keine Frage. Man ist wieder fit und macht weiter wie bisher. Viele hören aber auf den Weckruf. Sie sagen sich: »So weit lasse ich es nicht noch einmal kommen!« Das ist dann oft der erste Schritt zur Lösung.

Könnte man nicht auch ohne unangenehme Erfahrung zu der Einsicht kommen, dass das Grundproblem von Führung nicht lösbar ist? Theoretisch ja. In der Praxis habe ich es noch nie erlebt, dass jemand einfach aus dem Nichts darüber zu reflektieren beginnt, woran es liegen könnte, dass er oder sie das Gefühl hat, sich aufzureiben oder nichts mehr bewegen zu können. Auch bei mir war das keineswegs so. Mein Körper musste erst streiken. Wenn der Anlass zur Reflexion keine Krankheit ist, dann ist es vielleicht der Lebenspartner oder die Partnerin mit der klaren Botschaft: »Ich mache das nicht länger mit!« Oder es kommt irgendeine andere persönliche Krise. Fast immer braucht es die Grenzerfahrung, um den Kampfplatz System verlassen zu können.

Niemand ist schuld an der Realität, wie sie ist

Wenn wir unsere Grenzen erleben, nicht mehr weiterwissen, Dinge aufgeben müssen, dann ist das keine schöne Erfahrung. Angst kommt auf. Die Angst, als Versager dazustehen, als jemand, der gekämpft und doch verloren hat. Die Angst, unterzugehen und die eigene Existenz zu verlieren. Was lässt sich tun, damit die Angst weniger wird? Das hängt stark von der jeweiligen Persönlichkeit, ihren Prägungen und Lebensumständen ab. Wer immer bescheiden gelebt, genug gespart, vielleicht schon erwachsene Kinder hat, der kann sich kurzfristig neu orientieren oder zumindest eine längere Auszeit nehmen. Andere können das nicht, weil das Privatleben und die Führungskarriere eng miteinander verknüpft sind – oft allein schon über den Freundeskreis – oder die Erwartungen der Familie an den Fortgang der Karriere zu hoch sind. Letztlich gibt es an der persönlichen Grenze jedoch nur zwei sinnvolle Wege: das System verlassen oder sich neu auf den Weg machen. Wer sich neu auf den Weg macht, der muss durch die Angst hindurch, weil der Kampf sonst weitergeht.

Wer seine Angst verliert, indem er ihr begegnet, braucht das System nicht gleich zu verlassen. Ein erster Schritt innerhalb des Systems ist es dann, sich emotional unabhängiger zu machen. Existenzangst oder die Angst vor Gesichtsverlust hindern uns oft, uns zu positionieren und die Dinge anzusprechen, wie sie nun einmal sind. Es ist ein befreiender Schritt, endlich anzunehmen, dass ich es nicht allen recht machen kann – und darüber im nächsten Schritt auch offen zu sprechen. Dieses Hinsehen und angstfreie Sich-Öffnen sind zunächst einmal wichtig. Einige haben sich angewöhnt, alles auf »die da oben« zu projizieren, auf die Vorstände, Geschäftsführer oder Aktionäre, die angeblich verlangen, dass man das Unmögliche möglich macht. Oder umgekehrt: Sie werten sich selbst ab und denken, dass sie eben immer noch nicht fleißig genug waren und sich noch mehr hätten anstrengen müssen. Wieder andere holen gern Berater ins Haus, um vielleicht auch Verantwortung auf diese abzuwälzen. Solche Muster können wir bei uns erkennen und beenden, damit der Kampf aufhört.

Danach gilt es, die Realität ungeschminkt wahrzunehmen und Dinge offen anzusprechen. Niemand ist an irgendetwas schuld. Die Ressourcen sind begrenzt, der Markt sieht so und so aus, und die Menschen innerhalb der Organisation brauchen dieses und jenes, damit ihre Bedürfnisse befriedigt sind und sie produktiv sein können. Damit müssen wir umgehen und von Fall zu Fall gemeinsam die bestmögliche Lösung suchen. Auf jedem Kampfplatz bilden sich verfeindete Lager. Wer den Kampf beendet, der geht auf die Menschen in den Lagern zu und sorgt dafür, dass sie wieder miteinander reden und sich zusammenraufen. Dann heißt es vielleicht: Wir haben alle ein gemeinsames Ziel, aber wir können nicht drei Projekte gleichzeitig machen und vier Produkte parallel auf den Markt bringen. Wofür entscheiden wir uns und aus welchen Gründen? Oder auch: Mehr Geld gibt es nicht. Wie können wir mehr Geld durch mehr Kreativität ersetzen? Wer hat eine Idee, wie wir unser Ziel kostengünstiger erreichen?

Schuldzuweisungen sind natürlich bequemer, als vom Thron des Egos herabzusteigen, von Maximalforderungen abzurücken und auf Menschen zuzugehen, um gemeinsam Lösungen jenseits des Idealzustands zu finden. Doch wer sich auf diesen Weg macht, erlebt schon bald eine große Erleichterung. Letztlich sitzen wir alle im selben Boot. Diese Einsicht kann dabei helfen, über seinen Schatten zu springen und Projektionen zu beenden. Vorstände, die von oben Druck machen, stehen selbst unter Druck. Sie werden ausgetauscht, sobald ihre Ergebnisse den Erwartungen nicht mehr entsprechen – und das oft würdeloser als einfache Mitarbeiter. Das Schmerzensgeld ist höher, keine Frage. Aber das ist auch schon alles. Die Aktionäre, deren Shareholder Value in Konzernen der gnadenlose Maßstab für alles zu sein scheint, sind in Wahrheit oft Kleinanleger, die um ihre Altersvorsorge bangen. Führungskräfte und ihre Mitarbeitenden sind ohnehin aufeinander angewiesen. Es gibt letztlich überhaupt keinen Grund, aus einem systemischen Spannungsfeld einen Kampfplatz zu machen. Aber es gibt viele gute Gründe, die Situation anzunehmen und gemeinsam das Beste daraus zu machen.

Jedes Spiel hat seine Regeln – wo ist das Problem?

Führung ist entweder ein frustrierendes Spannungsfeld, in dem ich mich aufreibe und am Ende nie zufrieden bin. Oder Führung ist ein spannendes Spielfeld, auf dem ich mich selbst erfahre und entfalte und mit anderen Menschen gemeinsam wachse. Den Unterschied macht einzig und allein meine innere Haltung. Bin ich im Frieden mit den Dingen, wie sie sind? Jedes Spiel hat Regeln, die ich akzeptieren muss, wenn ich mitspielen will. Im Fußball gibt es zum Beispiel die Abseitsregel und Handspiel ist verboten, ob mir das persönlich nun gefällt oder nicht. Der Unterschied zwischen einem Fußballspiel und dem Alltag in einem Unternehmen besteht darin, dass im Fußball alle die

Regeln kennen – und damit auch die Grenzen des Systems – und sie akzeptieren. Nach 90 Minuten plus Nachspielzeit pfeift der Schiedsrichter das Spiel ab, egal wie laut diejenige Mannschaft protestiert, die das Gefühl hat, gerade kurz vor einem Ausgleichstreffer zu stehen. Ich kann mich dafür entscheiden, den Alltag in einer Organisation zumindest ähnlich zu sehen. Dann sind begrenzte Ressourcen für mich keine Unverschämtheit des Universums mehr, sondern einfach Teil der Regeln meines Spiels. Die Regeln machen das Spiel ja erst anspruchsvoll und interessant. Man könnte im Fußball die Tore auch 15 Meter breit machen oder die Torhüter weglassen, aber dann wäre es zu einfach, Tore zu erzielen, und das Spiel wäre nur noch halb so spannend.

Aber ist das nicht eine allzu kindliche Sicht auf das Leben, etwas einfach zum Spiel zu erklären? Es geht doch am Ende auch um Existenzen! Als erwachsene Menschen tragen wir Verantwortung. Der Einwand scheint auf den ersten Blick berechtigt. In Wirklichkeit ist es aber so, dass gerade die im positiven Sinn spielerische Einstellung, die ich hier meine, ein reifes Erwachsenen-Ich voraussetzt. Der spielerische Ansatz heißt ja nicht, dass ich das Leben nicht mehr ernst nehme und gegenüber Menschen, die sich Sorgen um ihre Zukunft und ihren Arbeitsplatz machen, nicht mehr empathisch bin. Das passiert mir eher, wenn ich aufgrund des systemischen Dilemmas zum Zyniker geworden bin oder resigniert habe. Dann suche ich gar keine Lösungen mehr. Spielerisch an schwierige Situationen heranzugehen, heißt vielmehr, offen zu sein, Kreativität zu mobilisieren und sich für seine Ziele buchstäblich Mitspieler zu suchen.

Tatsächlich kindliches Verhalten zeigt sich stets in der Rebellion oder der Überanpassung. Kämpfe austragen, die sich nur verlieren lassen, für alles anderen die Schuld geben und vor den eigenen Ängsten weglaufen: Das ist das wenig erwachsene Verhalten! Neugierig sein, sich überraschen lassen und mit spielerischer Leichtigkeit schwierige Probleme zu lösen, setzt ein Erwachsenen-Ich voraus, das sich ein Stück innere Unabhängigkeit erarbeitet hat und Sicherheit in sich selbst findet. Sich auf eine Situation einlassen, statt gegen sie anzukämpfen, und angstfrei Dinge ausprobieren, auch auf die Gefahr hin, Fehler zu machen – das alles zeichnet erwachsenes Verhalten aus. Es gilt also, ins Erwachsenen-Ich zu kommen und damit in die Freiheit, die Unabhängigkeit und die Sicherheit. Damit sind wir wieder beim Konfrontieren und Überwinden der Angst, denn ohne diesen Schritt geht es nicht.

In schwierigen Situationen können wir uns immer die Frage stellen: Wer bin ich, wie alt bin ich und bin ich sicher? Ich bin deshalb sicher, weil ich mit allen Situationen umgehen kann. Natürlich kann es auch hilfreich sein, sich im Außen bestimmte Sicherheiten zu schaffen, um weniger Existenzangst zu haben. Das können zum Beispiel Ersparnisse sein, mit denen sich ein Jahr lang auch ohne Job gut leben ließe. Letztlich ist das aber nicht das Entscheidende. Souveränität, Sicherheit und Angstfreiheit kommen stets von innen, aus einem Vertrauen in sich selbst und in das Leben. Menschen, die diese Sicherheit besitzen und ausstrahlen, brauchen nicht länger zu kämpfen. Als Führende geben sie auch Mitarbeitenden Sicherheit, denn andere Menschen spüren diese innere Sicherheit und Unabhängigkeit intuitiv. So dient die eigene Unabhängigkeit auch dem System und seiner kreativen Weiterentwicklung. Erst aus der Sicherheit heraus lässt sich ausprobieren und experimentieren. Wahre Führungskraft führt zu einer Versöhnung mit dem systemischen Spannungsfeld. Wer innerlich stark ist, der übernimmt Verantwortung und lässt sich auf das Spiel des Lebens ein.

Das Leben ist keine Wachstumsmaschine

Was aber macht das Spiel des Lebens überhaupt aus? Wenn ich im Coaching mit Menschen spreche, die Seminare bei bestimmten Erfolgstrainern besucht oder auf Instagram deren tägliche Motivationsbotschaften abonniert haben, dann scheint das Leben manchmal wie ein Spielcasino zu sein: Wir müssen nur das Gewinnsystem anwenden, das immer mehr Fülle und positive Erlebnisse in unser Leben zieht. Wenn das scheitert, dann liegt das nicht etwa daran, dass das Gewinnsystem nichts taugen würde, sondern daran, dass wir uns immer noch nicht genug angestrengt und unsere Gedanken noch nicht ausreichend fokussiert haben. Vielleicht helfen ein weiteres Seminar oder zumindest das neueste Buch? Die meisten Menschen, die sich auf solch einen Weg begeben haben, stellen irgendwann ernüchtert fest, dass es eine Illusion ist, das Leben beherrschen und die Lebensumstände stets zum eigenen Vorteil beeinflussen zu wollen. Jeder Spieler glaubt, eines Tages den großen Gewinn zu machen, während auf lange Sicht nur das Casino profitiert, das ihn zu immer neuen Spielrunden verlockt. In einer ähnlichen Illusion sind wir heute oft gefangen, wenn es darum geht, ob wir Kontrolle abgeben und uns auf das Spiel des Lebens einlassen können.

Das wirkliche Leben ist keine Glücksdroge und kein Geldautomat, sondern es besteht aus Licht und Schatten, Höhen und Tiefen. Mit der Schattenseite in Form unserer Ängste und Zweifel, unserem Frust oder unserer Schuldgefühle müssen wir uns konfrontieren. Wir müssen dort hindurchgehen, statt uns mit der allmorgendlichen Visualisierung unseres nächsten großen Ziels immer nur davon abzulenken. Nur dann lassen wir uns auf das Leben ein, wie es wirklich ist. Und nur dann entwickeln wir uns weiter. Das Leben folgt keiner Erfolgs- und Wachstumskurve, die ständig nach oben weist. Diese Kurve entspricht zwar dem Idealbild praktisch jedes Unternehmens, und viele Menschen – nicht allein Führende – haben heute dieses Bild als Vorstellung von ständigem persönlichem Wachstum und nicht endendem Erfolg für sich übernommen. Davon war ich früher auch nicht frei. Das wirkliche Leben ist allerdings nicht nur voller Rückschläge, sondern auch voller Umwege und Sackgassen, an deren Ende wir wenden und wieder umkehren. Das alles ist nichts Schlimmes, sondern einfach nur das Leben. Qualvoll wird es erst, wenn ich nicht bereit bin, mich darauf einzulassen, weil ich meine, es müsste immer perfekt laufen.

Auch für mich war es ein Prozess, Vertrauen in das Leben zu entwickeln, wie es wirklich ist, und vom übertriebenen Bedürfnis nach Kontrolle abzulassen. Als Gründer meines eigenen Unternehmens dachte ich zunächst, dass es immer aufwärts gehe, wenn ich einmal den richtigen Dreh gefunden habe, und dass ich die besten Leute nicht nur finden, sondern auch halten müsse. Heute darf in meiner Firma jeder jederzeit gehen. Es ist in meinen Augen auch niemand schuld, falls jemand gehen möchte. Dinge können sich ändern, Lebenspläne werden umgeschrieben, Menschen entwickeln sich weiter. Das gehört zum Leben dazu, und das akzeptiere ich. Dadurch wird die Situation für alle plötzlich entspannt. Und was ist, wenn jemand gerade in dem

Moment gehen möchte, wo er oder sie dringend gebraucht wird? Wenn eine Lücke entstünde, die nicht so schnell gefüllt werden könnte, und dadurch Umsatz verlorenginge? Auch das ist in Ordnung. Was würde es bringen, der betreffenden Person Vorwürfe zu machen oder sie unter Druck zu setzen? Die Situation ändert sich dadurch ja nicht, und die innere Entwicklung, die dieser Mensch vielleicht erlebt hat, lässt sich so auch nicht rückgängig machen.

Wir müssen den einen Pol des systemischen Spannungsfelds, das Überleben des Unternehmens und den Zwang zu Wachstum und Gewinn, ernst nehmen, aber wir dürfen uns davon nicht beherrschen lassen. Kein Fußballspiel spielt sich ausschließlich in einer Hälfte des Spielfelds ab, sondern es geht hin und her. Auch im Spiel des Lebens geht es um Balance. Diese Balance ist aber nichts Statisches, sondern sucht sich ständig neu in der Bewegung.

Vor genau dieser ständigen Bewegung, die das Leben ausmacht, haben viele Angst. Mir ging das oft nicht anders. Wir reiben uns auf, weil wir Kontrolle wollen und uns der Bewegung widersetzen. Wären wir mehr im Fluss des Lebens, hätten wir weniger Stress. Aber viele werden eben heute auch angeleitet, ihr Vision-Board zu erstellen und ihr Erfolgstagebuch zu schreiben und das Leben damit ihren Vorstellungen und ihrem Willen zu unterwerfen. Klar funktioniert das zum Teil auch, und es gibt sie, die Erfolgserlebnisse. Aber der Kampf hört eben nicht auf. Ich muss jeden Tag etwas dafür tun, den Erfolg zu erhalten und zu vergrößern, und darf nie nachlassen. Ganz anders geht es demjenigen, der die Sicherheit im Erwachsenen-Ich findet und loslassen kann. Ein solcher Mensch kann sich einlassen auf das, was als Nächstes passiert. Selbst wenn vorübergehend mal gar nichts mehr unter Kontrolle scheint.

Loslassen heißt nicht, aufzugeben, sondern mutig voranzugehen

Auf dem Weg der persönlichen Entwicklung hin zu mehr Vertrauen dem Leben gegenüber geben wir mehr und mehr Kontrolle ab. Kontrolle kann dann auch eine neue Bedeutung bekommen: Ich kontrolliere immer wieder, wo ich gerade stehe und wie die Dinge sich entwickeln. Das ist Kontrolle im Sinne von Hinschauen und den Standort bestimmen. Diese Kontrolle schließt ein, auf das System zu schauen und darauf, was die Menschen in meinem Umfeld tun. Ich tue das aus einem inneren Abstand heraus, den ich besitze, wenn ich bereits viel Angst überwunden und dadurch an Unabhängigkeit gewonnen habe. Denn ein Missverständnis sollten wir hier vermeiden: Loslassen bedeutet nicht, alles laufen zu lassen und die Dinge nur noch passiv geschehen zu lassen. Wie könnte es zu diesem Missverständnis kommen? Wir haben Angst, dass das totale Chaos ausbricht, sobald wir aufhören, alles steuern zu wollen. Dabei zeigt sich mit etwas innerer Distanz das genaue Gegenteil: Unser übertriebenes Bedürfnis, alles steuern, kontrollieren und manipulieren zu wollen, produziert gerade den Stress und das Chaos. Statt auf den Wellen der Brandung zu reiten, errichten wir lieber Staudämme, die dann irgendwann von einer Flutwelle gebrochen werden.

Es geht also nicht darum, sich seinem Schicksal zu ergeben, sondern sich vielmehr auf die Möglichkeiten einzulassen, die das Leben jenseits kindlicher Wunschwelten bietet. Ist das Spannungsfeld der Führung einmal zu einem Spielfeld geworden, können sich alle im System gemeinsam fragen: Welche Möglichkeiten haben wir jetzt? Welche Chancen lassen sich nutzen? Dazu gehört dann auch die Frage: Wo können wir Altes loslassen, damit wieder Ressourcen frei werden, um etwas Neues und Besseres zu machen? Das erfordert Mut. Projekte sterben zu lassen, weil sie doch nichts bringen, oder sich von Menschen zu trennen, weil sich vieles verändert hat und es nicht mehr passt, kostet einiges an Mut. Loslassen heißt also nicht, aufzugeben, sondern mutig voranzugehen. Es gilt, Ballast abzuwerfen und nach Möglichkeiten Ausschau zu halten, die sich neu ergeben oder die man bisher vielleicht nur übersehen hat. Das kann sogar Spaß machen! Aus dem Kampf wird ein cooles Spiel. Wer schafft es, aus den Ressourcen das Beste zu machen? Für Gründer ist es oft gerade die spannende Herausforderung, aus wenig viel zu machen. Erst wer lange dabei ist, sieht irgendwann nur noch den Mangel und hat das Gefühl, nichts mehr bewegen zu können. Dabei lässt sich immer etwas bewegen, solange wir uns selbst bewegen.

Gibt man Kindern nur ein paar einfache Dinge an die Hand, wie etwa Papier, Schere und Klebstoff, etwas Farbe, gesammeltes buntes Laub oder Kastanien und Streichhölzer, legen sie eine spielerische Kreativität an den Tag, und die Ergebnisse sind oft zauberhaft. Setzt man dieselben Kinder in einen Raum, der überquillt von Spielzeug, inklusive unzähliger elektronischer und digitaler Gadgets, wissen sie oft gar nicht mehr, wie sie sich beschäftigen sollen, und fangen an zu quengeln.

Uns Erwachsenen geht es oft ganz ähnlich. Wir haben den nächsten Karriereschritt im Kopf, die nächste Gehaltserhöhung oder das nächste Projekt, mit dem wir uns positionieren wollen. Wir wollen endlich unser Haus abbezahlt haben und in den nächsten fünf Jahren möglichst nicht den Job wechseln müssen. Status, Geld und Sicherheit lassen wenig Raum für Kreativität. Wir vergessen irgendwann das Wesentliche und fragen uns nicht mehr, was wir eigentlich wollen. Dabei könnten wir wieder Lust bekommen, auch aus wenig etwas zu machen! Wir könnten aus einem erwachsenen, angstfreien inneren Zustand heraus unsere freien, kreativen Kind-Anteile aktivieren und einfach Spaß daran haben, mit anderen Menschen gemeinsam etwas zu erreichen. Das, was die Begeisterung von Gründerteams ausmacht, lässt sich auch in reifen Unternehmen mobilisieren. Dann ist da plötzlich wieder das Hochgefühl, etwas geschafft zu haben, das anfänglich aussah, als wäre es nicht hinzubekommen. Alles das ist möglich, wenn wir die systemischen Grenzen zunächst einmal hinnehmen, wie sie sind, und den Kampf beenden.

Plötzlich geht Wirtschaft auch anders

Heißt das alles nun, dass wir Systeme und ihre Grenzen als in Stein gemeißelt betrachten müssen? Dürfen wir uns kein schöneres und harmonischeres Arbeitsumfeld wünschen, geschweige denn ein menschlicheres Wirtschaftssystem und eine bessere Welt? Nein, das heißt es nicht. Es geht lediglich um die richtige Reihenfolge. Es ist ein

Grundsatz der Psychotherapie und des Coachings, dass echte positive Veränderungen erst möglich sind, wenn ich die gegenwärtige Situation angenommen habe, wie sie ist. Kämpfe ich ständig gegen die Situation an, verliere ich dabei die für eine Veränderung nötige Energie. Das lässt sich auf soziale Systeme und das Handeln von Menschen in Gruppen übertragen. Wo der Kampf gegen die Zwänge des Systems beendet ist, da gibt es auch den Mut und die Bereitschaft, in kleinen Schritten das System an sich zu verändern oder zumindest einen Beitrag dazu zu leisten. Tatsächlich gibt es heute immer mehr Unternehmen, die aus dem Mainstream ausscheren und beginnen, Dinge anders zu machen – auch im Sinne von Nachhaltigkeit und sozialer Verantwortung.

Da meine Firma mit Outdoor-Training groß geworden ist, denke ich hier spontan an Yvon Chouinard, den Gründer des Outdoor-Ausstatters Patagonia, als einen der Pioniere auf dem Weg, systemische Bedingungen für Unternehmen infrage zu stellen und Veränderungen anzustoßen. Das erste Unternehmen des US-amerikanischen Kletterers mit franko-kanadischen Wurzeln hieß Chouinard Equipment und war um 1970 Marktführer für Kletterausrüstung in den USA. Ihr Hauptprodukt waren Felshaken, die Kletterer als Steighilfe in den Felsen schlagen. Da kam Yvon Chouinard zu der Einsicht, dass Felshaken die Natur zerstören und die Landschaft verschandeln, und stellte daraufhin die Produktion komplett ein. Er suchte sich ein neues Geschäftsfeld und gründete 1973 im kalifornischen Küstenort Ventura die Marke Patagonia, die sich mehr auf Outdoor-Kleidung konzentrierte.

Hier beendete jemand ohne jeden äußeren Druck ein hoch profitables Geschäftsmodell und fing noch einmal von vorn an. Das war mutig und zeugt von echter innerer Unabhängigkeit eines Unternehmers. Heute ist Patagonia eine Weltmarke und erwirtschaftet einen Milliardenumsatz, aber diese Entwicklung konnte Chouinard damals nicht ahnen. Es gab keine Garantie für einen nochmaligen Erfolg. Während der letzten fast 50 Jahre ist Patagonia immer wieder andere Wege gegangen als der Mainstream. So kritisierte das Unternehmen mehrfach den US-amerikanischen Konsumrausch am Black Friday, indem es in einem Jahr eine provokative Anzeige schaltete, mit der Aufforderung, nichts zu kaufen – und in einem anderen Jahr sämtliche Gewinne aus den Verkäufen am Black Friday spendete. Ernst meint Yvon Chouinard anscheinend auch seinen Aufruf, weniger Kleidung neu zu kaufen und mehr zu reparieren. Um diese Idee zu propagieren, schickte Patagonia einen Werkstattwagen kreuz und quer durch die USA, in dem Kunden ihre Kleidung kostenlos flicken lassen konnten.

Wer sich innerlich unabhängig gemacht hat vom System, der braucht die Dinge also nicht auf Dauer so hinzunehmen, wie sie sind. Yvon Chouinard und viele andere, die innerhalb unseres Wirtschaftssystems neue Wege beschreiten, sind allerdings keine Kämpfer. Sie bewegen sich vielmehr geschickt in den Spannungsfeldern. Sie nehmen hin, was sie nicht ändern können, und konzentrieren sich auf das Machbare. Dabei muss auch nicht jeder das ganz große Rad drehen. Viel wichtiger ist, dass wir alle zu genügend Angstfreiheit und innerer Unabhängigkeit finden, um dort, wo wir uns innerhalb eines Systems befinden, buchstäblich unsere Spielräume zu erweitern. Das Grundprinzip ist immer gleich: Reife und Gelassenheit aus dem Erwachsenen-Ich machen neugierig, frei und kreativ. Aus Besitzstandswahrung wird dann Offenheit und aus Perfektionismus die Bereitschaft, aufeinander zuzugehen und sich gemeinsam zu fragen, was möglich ist. Lustlosigkeit und Resignation, weil die Budgets zu knapp sind und man ohnehin nie genug Leute hat oder nicht die richtigen, weichen dann einer neuen Lust, das Beste aus jeder Situation zu machen. Ich kenne Führungskräfte, die erst loslassen mussten, um sich zum ersten Mal wirklich lebendig zu fühlen.

Übung: Im Spannungsfeld der Erwartungen

Wie in diesem Kapitel bereits beschrieben, gibt es in jeder Organisation, in jedem Unternehmen ein systemisches Spannungsfeld, das aus meiner Sicht nicht aufgelöst werden kann. Wo allerdings Spannung ist, ist auch Energie, die es lohnt, sie für alle Beteiligten nutzbar zu machen. Dafür müssen wir die unterschiedlichen Erwartungshaltungen untereinander sichtbar werden lassen und Brücken bauen.

1. Fragen Sie sich als Erstes: »Was erwarte ich von einer guten Führungskraft?« Sammeln Sie alle Verhaltensweisen, und entscheiden Sie sich dann für die aus Ihrer Sicht fünf wichtigsten. Diese bringen Sie danach bitte noch je nach Wichtigkeit in eine Reihenfolge von Platz eins bis Platz fünf.

2. Nun stellen Sie sich bitte vor, Sie würden Ihre Mitarbeitenden fragen: »Was erwartet ihr von einer guten Führungskraft?« Nehmen Sie sich bitte Zeit, und versetzen Sie sich in die Lage Ihrer Geführten bei der Beantwortung. Auch hier entscheiden Sie sich bitte für die fünf wichtigsten Punkte und vergeben auch innerhalb dieser Gruppe die Plätze eins bis fünf.

3. Im dritten Schritt stellen Sie sich vor, Sie stehen an der Spitze Ihrer Organisation, Ihres Unternehmens und fragen sich: »Was erwarten Sie aus dieser Position von Ihren Führungskräften?« Was bedeutet für Sie eine erfolgreiche Führungskarriere?

Vergleichen Sie nun die unterschiedlichen Erwartungen miteinander. Wo ergeben sich Gemeinsamkeiten, wo lauern Konfliktpotenziale? Welchen Erwartungen entsprechen Sie mehr? Fühlen Sie sich eher zu Ihren Mitarbeitenden oder zu der Position Ihres Unternehmens hingezogen?

Da wir als Führungskraft mehr Zeit mit den Mitarbeitenden verbringen, gleichzeitig aber vom Unternehmen eingestellt worden sind, finden wir uns nicht selten aufgerieben zwischen den Stühlen wieder. Doch genau in dieser Position liegt unsere Chance des Brückenbauens und Vermittelns.

Fragen Sie sich deshalb: Welche Sichtweisen sollten beide Seiten mehr voneinander erfahren, um mehr Verständnis füreinander zu erzeugen? Was kann Ihr Beitrag in der Kommunikation zwischen den Erwartungen der Mitarbeitenden und des Unternehmens dabei sein?

Und wenn Sie ganz mutig sind, suchen Sie den Austausch aller Beteiligten in Form eines Workshops und sammeln die Erwartungen wie oben beschrieben live vor Ort. Sie werden von den positiven Effekten überrascht sein.

KAMPFPLATZ ZEIT: WICHTIG, DRINGEND, SOFORT MACHEN!

Zu viele Aufgaben, zu wenig Zeit. Alltag in den Führungsetagen. Während der Arbeitszeit alles in Ruhe zu erledigen, scheint utopisch. Aber selbst wenn auch noch die Abende und Wochenenden für den Job draufgehen, wird es nicht besser. Zeitmanagement? Kennt man, hilft aber auch nur begrenzt. Was ist hier wirklich los? Wer die tieferen Zusammenhänge verstanden hat, kann den Kampf schrittweise beenden.

In der Theorie ist wie immer alles ganz einfach: Als Führungskräfte widmen wir uns zu 80 Prozent dem eigentlichen Führungsjob. Wir denken und handeln strategisch. Wir kümmern uns um langfristige Ziele, die wir entweder selbst definieren oder von weiter oben in der Hierarchie vorgegeben bekommen und den Mitarbeitenden vermitteln sollen. Wir sind jederzeit für unser Team da. Das ist uns besonders wichtig, denn davon hängt der Erfolg von Führung schließlich entscheidend ab. Führen heißt, mit Menschen zu kommunizieren. Und die verbleibenden 20 Prozent? Die sind dann noch für's Operative da. Um das tägliche Klein-Klein muss sich schließlich auch gekümmert werden. Besonders im mittleren Management ist eine Führungskraft nach wie vor auch Wissensträger und Experte. Aber die Umsetzung ist nun wirklich nicht das Wesentliche des Führungsjobs. Das wissen wir alle auch. So weit, wie gesagt, die Theorie.

In der Praxis ist das Verhältnis genau umgekehrt: Als Führende stecken die meisten von uns zu 80 Prozent im operativen Geschäft fest. Für Führung im eigentlichen Sinn bleiben 20 Prozent der Zeit. Oft ist es sogar noch weniger.

Auf den mittleren Führungsebenen glauben wir gerne, später in der Karriere würde alles besser werden. Wenn wir erst einmal weiter aufgestiegen sind, werden wir mehr strategisch arbeiten, glauben wir. Hoffen wir. Von der E-Mail-Flut, die täglich über Vorstände hereinbricht, ahnen wir noch nichts. Wir können auch noch nicht ermessen, wie es sich anfühlt, über keinen Flur laufen zu können, ohne dass mindestens drei Leute mit ihren dringenden Anliegen zu einem kommen und Aufmerksamkeit wollen. Die Hoffnung, auf den Aufstieg zu setzen, ist eine Illusion. Am Ende ist es heute auf sämtlichen Hierarchieebenen das Gleiche: Es gibt viel zu viel zu tun und viel zu wenig Zeit dafür. Zu viele Menschen wollen zu viel von uns und meistens auch noch zu viel auf einmal. Die Zeiten, in denen das Dringende und Wichtige höchste Priorität hatte und der Rest warten konnte, sind vorbei. Heute ist alles wichtig und dringend und muss sofort erledigt werden. Jedenfalls erwecken wir alle ständig diesen Eindruck und niemand ruft mal »Stopp!«.

Obwohl es überall das Gleiche ist, ist der Spagat im mittleren Management besonders extrem. Hier bin ich als Führungskraft noch sehr nah an den operativen Aufgaben, denen ich mich eigentlich nur zu einem geringen Teil widmen sollte. Nicht selten sind die Mitglieder meines Teams ehemalige Kollegen und Kolleginnen, die es erwarten, dass ihr ehemaliger Kollege und jetziger Chef mit anpackt. Oder ist der jetzt schon völlig abgehoben? Hält er sich jetzt für etwas Besseres? Teamkonflikte sind vorprogrammiert, wenn meine Mitarbeitenden so über mich denken. Konflikte sind aber das Letzte, was ich als Führungskraft im mittleren Management brauche. Meine Mitarbeiterinnen und Mitarbeiter sollen bitteschön funktionieren! Reibungslos, wenn's geht. Ich habe keine Zeit, mich ständig um deren Probleme zu kümmern. Denn ich bin selbst längst am Limit und bekomme eigentlich schon nicht mehr alles hin während der Arbeitszeit.

Im Seminar erzählt mir eine weibliche Führungskraft, wie sie einen Mitarbeiter um Haaresbreite angeschrien hätte. Er kam in ihr Büro und hatte eigentlich nur ein kleines Anliegen. »Nicht das jetzt auch noch!«, wäre es fast aus ihr herausgeplatzt. »Ich habe keine Zeit, das sieht man doch!« Diese Führungskraft behielt sich dann doch im Griff. Sie versprach dem Mitarbeiter freundlich, sich um sein Thema zu kümmern, bloß nicht sofort. Aber im Nachgang war sie zutiefst erschrocken über ihren Beinahe-Ausraster. »Am liebsten hätte ich ihm auch noch gesagt: ›Ich kann nicht mehr‹«, gesteht sie. Lagen ihre Nerven dermaßen blank? Zu ihrem Selbstbild passte das überhaupt nicht: »Eigentlich bin ich doch gut organisiert«, meinte sie.

Willkommen auf dem Kampfplatz Zeit! Der Kampf ist hier längst nicht mehr zu gewinnen. Doch wer will das schon wahrhaben? Führungskräfte werden auch Managerin oder Manager genannt, und genau das entspricht oft unserer Erwartung an uns selbst: alles managen. Alles im Griff haben. Möglichst viele Bälle gleichzeitig in der Luft halten. Das ist der Anspruch an uns selbst. Geübte Jongleure schaffen übrigens fünf, sechs oder noch mehr Bälle. Man muss aber immer höher und immer schneller werfen, je mehr Bälle man in der

Luft halten will! Der Weltrekord liegt bei 14 Bällen. Danach ist auch für Meisterjongleure Schluss.

Im Urlaub lässt es sich endlich mal in Ruhe arbeiten

Als Führungskraft, Unternehmer oder Unternehmerin bewundern wir oft erfolgreiche Sportler und Sportlerinnen. Seien es Rennfahrer, Tennisstars oder Männer und Frauen, die Goldmedaillen in olympischen Disziplinen geholt haben. Sehr populär sind auch Extremsportler: Menschen, die barfuß auf den sieben höchsten Gipfeln der Welt standen, allein im Schlauchboot um die Welt gepaddelt sind oder im Dauerlauf die heißesten und trockensten Wüsten der Welt durchquert haben. Extremsportler sind zu Symbolfiguren dafür geworden, dass nichts so irre sein kann, um es mit eiserner Disziplin nicht doch zu schaffen. Dass es keine Grenze gibt, die nicht verschiebbar wäre. Dass man dafür nur fest an sich glauben muss. Deshalb sind Extremsportler wahrscheinlich auch als Redner und Rednerinnen bei Veranstaltungen so beliebt. Einer dieser Redner fragte einmal sein Publikum: »Was hindert uns eigentlich, morgens um 5 statt um 6 Uhr aufzustehen und die erste Stunde jedes Tages in unsere Weiterbildung zu investieren?«

Das war natürlich nur eine rhetorische Frage, und die Antwort sollte klar sein: Nichts hindert uns. Wir können uns immer noch mehr anstrengen. Ich weiß nicht, was in den Köpfen der Führungskräfte im Publikum vorging. Ich habe den Vortrag nur online verfolgt, aber niemand zeigte irgendeine Regung, und es ist auch keiner aufgestanden und hat den Saal verlassen. Vielleicht lag es daran, dass viele von uns genau die von dem Extremsportler empfohlene Strategie längst anwenden. Wir strengen uns immer mehr an, schlafen immer weniger und streichen auch die übrige Regenerationszeit rigoros zusammen, um Zeit zu gewinnen und mehr erledigen zu können. Es beginnt meist schon im ersten Führungsjob damit, dass Arbeiten bis in die Abendstunden selbstverständlich wird. »Karrieren werden nach 17 Uhr gemacht«, lautet ein alter Spruch im Management. Heute müsste es eher heißen: nach 19 Uhr. Oder nach 21 Uhr. »Ich höre selten vor 23 Uhr auf«, berichtet mir jemand, den ich seit Kurzem coache. »Mein Chef macht es mir vor, also was soll ich tun?«

Wer im Büro so spät nicht mehr willkommen ist, der macht einfach zu Hause weiter. Wenn die Kinder im Bett sind und der Partner mit einem Glas Wein vor dem Fernseher sitzt, hat man endlich mal Ruhe und bekommt was weggeschafft. Vor wichtigen Terminen kann es auch mal halb zwei Uhr nachts werden, bevor Schluss ist. Das Jogging am nächsten Morgen um halb sechs wird trotzdem nicht dem Schlaf geopfert, schließlich will man fit bleiben. Arbeit an den Wochenenden ist natürlich auch längst Standard. Als Nächstes ist der Urlaub dran. Ich kenne inzwischen Leute, die überhaupt nur Urlaub nehmen, um ihren Aufgabenstau abzuarbeiten. Simon Sinek, Autor des Buchs *Frag immer erst: warum*, meinte sarkastisch, »Urlaub« bedeute heute »E-Mail-Kommunikation am Strand«. Irgendwann sind auch die letzten Zeitreserven verplant. Dann sollen Tools es richten.

Techniken wie »Speed Reading« sind ja an sich eine gute Sache. Durch geschicktes Schnelllesen konzentriere ich mich auf das Wesentliche und verliere mich nicht in ellenlangen Berichten, dicken Akten oder aufgeblasenen Studien. Auch die Fernsprechanlage im Auto ist eine praktische Erfindung. So lassen sich unterwegs noch ein paar Rückrufbitten abarbeiten. Das Dilemma dabei ist bloß, dass wir immer mehr in unsere Selbstoptimierung investieren, statt der Überforderung Grenzen zu setzen. Wir suchen den Fehler bei uns selbst, wenn wir in der zur Verfügung stehenden Zeit nicht alles hinbekommen. Keiner sagt mal: »Das ist beim besten Willen nicht zu schaffen!« Oder: »Ich brauche dringend Hilfe!« Da kommt einem eher wieder der Extremsportler in den Sinn mit seinem Mantra: »Du kannst alles schaffen, wenn du es nur willst.«

Die langjährige deutsche Bundeskanzlerin Angela Merkel sprach einmal von ihrer »Kamelkapazität«, was Schlaf angehe: Sie könne fünf, sechs oder noch mehr Tage praktisch ohne Schlaf auskommen, so wie ein Kamel ohne Wasser, solange sie danach nur ein Mal wieder acht oder neun Stunden am Stück schlafe. Schlafforscher schüttelten darüber die Köpfe. Aber Angela Merkel hat immer nur Persönliches erzählt, wenn sie sich sicher war, dass es in der Öffentlichkeit gut ankommt. Und so ein Kamel wären heute wohl viele von uns gerne.

Was wir davon haben, überlastet zu sein

In meinen Führungsseminaren stelle ich manchmal die Frage: »Was wäre denn, wenn Zeitmanagement gelingen würde? Sprich: Es sind nur noch drei E-Mails im Posteingang. Sonst ist alles aufgeräumt. Unnötige Kopien sind automatisch in Ordner verschoben. Um das operative Klein-Klein kümmern sich Mitarbeitende. Es kommen auch nicht mehr ständig Anrufe rein. Den ganzen Tag klopft niemand an den Türrahmen und will etwas. Überflüssige Meetings und Geschäftsreisen sind gestrichen. Der Terminkalender hat nicht nur Lücken, sondern Luft! Wie fühlt sich das an?« Interessanterweise sagen jetzt die Wenigsten: »Das ist genau das, was ich mir wünsche, ich weiß bloß nicht, wie ich dahinkomme.« Stattdessen ist oft Schweigen die erste Reaktion. Ich schaue in nachdenkliche, manchmal betroffene Gesichter. Ich bin mir übrigens sicher, dass ich auf dem Höhepunkt meiner Hamsterrad-Zeit auch keine Antwort auf diese Frage gewusst hätte.

Die Erklärung dafür ist einfach: Wir Menschen tun nichts ohne Grund. Nicht immer sind uns alle Gründe für unser Handeln bewusst, aber immer gibt es sie. Wenn wir uns gegen den Zeitstress nicht ernsthaft wehren, sondern ihn immerzu mitmachen, hat das Gründe. Diese Gründe sind vielfältig, und nicht alle treffen auf jeden zu. Ich nenne einmal ein paar typische Beobachtungen: Da ist zunächst schlicht der Tunnelblick, den wir entwickeln, sobald wir im Stress sind. Wir haben To-do-Listen ohne Ende und wollen alles irgendwann nur noch schaffen, so gut es geht. Wir haben nicht mehr die Kraft, innerlich ein Stück zurückzutreten und uns zu fragen, was es so unmöglich macht, alles zu schaffen. Wir wollen das gar nicht mehr wissen! Es ist so, als ob wir uns mit einem Geländewagen im Schlamm festgefahren hätten: Je mehr Gas wir geben, egal in welchem Gang, desto tiefer gräbt sich das Auto in den Schlamm. Wenn wir nicht irgendwann aussteigen und das Fahrzeug mit einer Seilwinde aus dem Schlamm ziehen, wird das nichts. Es bleibt nur diese eine Möglichkeit.

Sobald wir ehrlich auf uns selbst schauen, fällt uns vielleicht auf, dass Zeitstress ein Zeichen dafür sein kann, gebraucht zu werden. Gerade als Führungskräfte haben wir uns auch ein Stück weit an dieses Gefühl gewöhnt. Eigentlich ist es ja auch schön, anderen Menschen zu helfen und sie in ihrer Entwicklung zu unterstützen. Gleichzeitig wertet es uns auf und gibt unserem Alltag einen Sinn, den wir nicht mehr ständig hinterfragen müssen. Davon kann man abhängig werden, sodass man dann zum Beispiel im Urlaub, wenn niemand einen braucht, gar nicht mehr weiß, was man mit sich anfangen soll. Häufig kostet es Mut, weniger gebraucht zu werden.

Ähnlich ist das mit dem Wunsch nach Bedeutung. Überquellende Terminkalender und lange To-do-Listen schmeicheln eben auch dem Ego. Sie signalisieren mir: Ich bin wichtig, ich bin gefragt. Überhaupt ist Anerkennung in jeder Form süßer Honig für jeden Menschen. Als Führungskräfte lernen wir heute alle, dass Mitarbeiter Anerkennung brauchen, um sich wohlzufühlen. Aber bekommen wir selbst Anerkennung? Kaum. Vielleicht ja dann, wenn wir uns noch mehr anstrengen? Von all dem kann ich mich unabhängig machen, indem ich mein Selbstwertgefühl einzig in mir selbst verankere. Das zu lernen, ist ein Prozess, der einige Zeit dauern kann.

Psychologische Motive, auf dem Kampfplatz Zeit weiter zu kämpfen, erlebe ich viele und kenne etliche davon auch von mir selbst. Vor allem Männer laufen gerne vor häuslichen Problemen weg, indem sie für die Familie einfach keine Zeit haben. Das schaukelt sich dann manchmal immer weiter hoch: Der Mann hat im Job schon keine Zeit und soll dann noch Zeit für die Probleme der Kinder haben. Da er die Probleme nicht gemeinsam mit der Partnerin löst, werden sie noch größer. Sich darum zu kümmern, hat der Mann dann erst recht keine Zeit mehr. Sein gewohnter Stress im Job ist ihm auch einfach lieber, wenn er ehrlich ist, denn damit kann er besser umgehen. Oft fällt dann als Rechtfertigung der Satz: »Ich muss hier schließlich das Geld verdienen.« Die Probleme eskalieren dadurch erst recht, dass der Vater sich noch mehr von der Familie entfernt. Während einige sich so als »Retter« ihrer Familie inszenieren, gehen andere in die Opferrolle. Sie klagen ständig darüber, wie überlastet sie sind, und erhoffen sich dadurch mehr Fürsorglichkeit und Zuwendung, letztlich mehr Liebe von der Familie und anderen engen Bezugspersonen.

Diese und andere Muster haben Eric Berne und seine Schüler schon vor Jahrzehnten in der psychologischen Forschung beschrieben. Es sind unbewusste oder nur halb bewusste Motive, die uns ein Spiel immer weiter spielen lassen, obwohl wir bei klarem Verstand eigentlich zugeben müssten, dass es uns und anderen schadet. Wie gesagt, trifft nicht alles, was ich hier beschreibe, auf jeden Menschen zu, der auf dem Kampfplatz Zeit verstrickt ist. Meistens erlebe ich eine diffuse, schwierige Mischung aus verschiedenen Dingen: ein bisschen Gebrauchtwerden, wichtig sein, Zuwendung bekommen und gleichzeitig auch der Wunsch, alles richtig zu machen und Fehler zu vermeiden, damit die Karriere keinen Knick bekommt. Ein wenig will man vielleicht auch dem Selbstbild des Machers entsprechen, will so sein wie der Extremsportler, der stets die Extrameile geht und glaubt, dass alles möglich ist. Wie auch immer die Mischung aussieht, Fakt ist, dass nicht alles möglich ist. Es gibt eine Grenze, wie viel wir in der uns zur Verfügung stehenden Zeit schaffen können. Das einzusehen, kann der erste Schritt raus aus dem Kampf sein.

Was hindert uns eigentlich, es anders zu machen?

Wie andere Kampfplätze ist auch der Kampfplatz Zeit aus einem Spannungsfeld entstanden, das sich nicht auflösen lässt: Den einen Pol bildet die zur Verfügung stehende Zeit und den anderen Pol das, was ich mir vornehme zu schaffen. Ich gehe hier einmal davon aus, dass Sklaverei und Zwangsarbeit abgeschafft sind und wir uns selbst entscheiden, wie viel wir arbeiten wollen. Und da befinden wir uns heute innerhalb des Spannungsfelds selten einmal in einer erträglichen Balance. Ich selbst bilde da keine Ausnahme. Das sage ich meinen Klienten im Coaching auch ganz offen: »Glauben Sie mir, es geht mir genauso.« Ich kämpfe inzwischen nicht mehr gegen die Uhr, aber auch ich wünsche mir oft, ich hätte mehr Zeit. Und allen, wirklich allen Menschen mit Führungsverantwortung, die ich kenne, geht es genauso. Dieses Eingeständnis ist ein wichtiger Schritt. Es wirkt befreiend. Schluss mit der Illusion und mit dem Selbstbetrug! Niemand hat seine Zeit noch im Griff. Niemand schafft alles. Niemand kann beliebig viele Bälle in der Luft halten. Es ist zu viel. Aber es ist auch niemand allein mit dem Problem. Das zu wissen, tut schon einmal gut.

Als Nächstes stellt sich die Frage: Was hilft dabei, den Kampfplatz zu verlassen? Ich würde jetzt gerne den einen Schalter nennen, den man umlegen muss, damit der Kampf aufhört. Aber den gibt es nicht. Trotzdem lässt sich der Kampf schrittweise beenden. Am besten durch eine gute Mischung aus praktischen Schritten und Reflexion. Ohne praktische Schritte geht es nicht. Wer nie genug Zeit hat, der muss seinen Alltag neu organisieren. Wo genau man da ansetzen kann, dazu gleich mehr. Ohne Reflexion geht es aber auch nicht. Reines Zeitmanagement versagt auch deshalb so oft, weil wir uns die tieferen seelischen Ursachen nicht bewusst machen, die uns auf dem Kampfplatz Zeit festhalten. Einige typische Ursachen habe ich im vorherigen Abschnitt genannt. Gleichzeitig rate ich niemandem, mit der Analyse dieser inneren Ursachen zu beginnen, denn das kann uferlos werden. Vor allem bleiben so die schnellen Erfolgserlebnisse aus. Diese stellen sich nur durch praktische Veränderungsschritte ein. Am besten also mit dem Praktischen beginnen und danach immer mehr in die Reflexion kommen. Dieser Prozess ergibt sich meistens organisch. Sobald ich aus dem gröbsten Stress herausgekommen bin und etwas Luft habe, kann ich innerlich einen Schritt zurücktreten und beginnen nachzudenken.

Der allererste Schritt besteht jedoch immer darin, eine Veränderung überhaupt zu wollen. Dem Extremsportler, der fragt, was uns eigentlich hindert, jeden Tag noch eine Stunde früher aufzustehen, möchte ich entgegenhalten: Was hindert uns eigentlich, unseren Kalender neu zu organisieren und andere Menschen öfter um Unterstützung zu bitten? Bei ehrlicher Betrachtung wird die Antwort auf diese Frage oft lauten, dass es Angst ist, die uns hindert. Da ist einmal die Angst zu versagen. Die Angst, fehl am Platz zu sein, wenn ich es als Führungskraft nicht hinbekomme, alle meine Aufgaben zu schaffen. Dann ist da noch die Angst vor Konflikten. Das kennt ja jeder aus dem Alltag.

Wenn ich sage: »Ja, okay, ich erledige das«, bleibt alles ruhig. Sage ich aber: »Nein, das geht auf keinen Fall, da brauchen wir eine andere Lösung«, ist der Konflikt da. Egal, ob mit Mitarbeitenden oder dem eigenen Chef. Als Erstes sind also Mut und der Wille zur Veränderung nötig sowie die Bereitschaft, Ängste zu durchschreiten.

Letztlich haben wir alle eine Urangst vor dem Unbekannten. Deshalb gibt es den Spruch: Lieber das bekannte Unglück als das unbekannte Glück. Umso mehr hilft es, einen positiven Blick in die Zukunft zu wagen. Das bedeutet, sich vorstellen zu können, dass der Kampf gegen die Uhr beendet ist – und man trotzdem noch Führungskraft ist, weiterhin Ansehen genießt, immer noch gebraucht wird und zu Hause in der Familie nicht untergeht. Vielleicht füllt man seine Rolle jetzt sogar besser aus als je zuvor. Man ist kein Getriebener mehr, sondern jemand, der bei sich bleibt, ohne Angst. Konflikten geht man nicht aus dem Weg und ist sich nicht zu schade, andere um Hilfe zu bitten. Ist das nicht auch die wahre Führungskraft, die sich Menschen von ihren Chefs und Chefinnen wünschen und die ihnen Sicherheit gibt? Kann ich mir überhaupt vorstellen, wieder mehr Spielräume zu haben oder wirkliche Freizeit, *freie* Zeit für mich allein oder für schöne Dinge mit dem Partner, der Partnerin oder der Familie, ohne E-Mails oder Telefonate zwischendurch? Mir ist noch kein Mensch begegnet, der es nicht geschafft hätte, sich besser zu organisieren und entspannter mit der Zeit umzugehen, nachdem er sich einmal auf den Weg gemacht hat.

Das Erschrecken darüber, wie viel stresst und wie wenig motiviert

Ein guter Einstieg in die Veränderung ist es, sich erst einmal einen Überblick zu verschaffen. Wenn der Überblick verloren gegangen ist und ich mich nur noch von Tag zu Tag und von Woche zu Woche rette, kann ein Tagebuch dabei helfen, überhaupt wieder wahrzunehmen, wie meine Tage ablaufen. Was habe ich heute alles gemacht, und wie ging es mir jeweils dabei? Dabei fällt meistens auf, dass es auch eine

Typfrage ist, wie jemand bestimmte Situationen erlebt. Der eine Persönlichkeitstyp mag es im Grunde, wenn viel los ist und es jeden Tag genügend Abwechslung gibt. Ein anderer Typ fühlt sich schnell gestört und hätte gerne öfter längere Zeitabschnitte, in denen er sich einer einzigen Aufgabe widmen kann. Sobald wir aus dem Tunnel herauskommen und wieder genauer hinsehen, werden uns unsere natürlichen Vorlieben und Abneigungen bewusster. Was macht Spaß und was stresst? Das sollte stets der Kompass sein, um den Kalender neu zu organisieren.

Ein simples Arbeitsblatt kann dies verdeutlichen. Ich schreibe dafür einige Tage lang in eine Spalte alles, was mich motiviert hat, und in eine zweite alles, was mich gestresst hat. Der Blick auf diese Arbeitsblätter nach ein paar Tagen verursacht oft ein großes Erschrecken: Die Spalten mit den stressigen Tätigkeiten sind voll und die mit den motivierenden Dingen, die Spaß gemacht haben, fast leer. Ist es wirklich so schlimm? Hier gilt es, den gegenwärtigen Zustand auszuhalten und anzunehmen. Immer nur das zu tun, was Spaß macht und motiviert, ist möglicherweise nicht realistisch. Die entscheidende Frage lautet: »Bekomme ich durch die motivierenden Tätigkeiten genug Energie, um auch die stressigen Aufgaben mit Leichtigkeit erledigen zu können?« Erst nach diesen Klärungsschritten frage ich mich dann: »Was ist delegierbar?« Jetzt geht es ans Sortieren frei nach Eisenhower – denn klassisches Zeitmanagement ist noch nicht von gestern. Eine Erkenntnis kann hier aber sein, dass die Dinge, die ich objektiv gesehen dringend delegieren müsste, genau diejenigen sind, die mir noch Spaß machen und Energie schenken. Es ist kein Wunder, dass ich daran festhalte! Schematisches Delegieren ist also auch keine Lösung. Die Lösung muss vielmehr im Dialog mit allen Beteiligten gefunden werden. Es kann sich hier genauso gut zeigen, dass viele stressige Aufgaben delegierbar wären. Andere können manches oft sogar viel besser. Manchmal ist es einfach nur Gewohnheit, dass ich mich immer noch mit etwas befasse. Oder ich scheue den Konflikt, anderen Veränderungen zumuten zu müssen. Dann darf dieser Konflikt jetzt ausgetragen werden.

Zu den ersten praktischen Schritten raus aus dem Kampf gehört auch ein anderer Umgang mit E-Mails, To-do-Listen und Terminen.

Wer über 3 000 Mails im Posteingang hat, der hat allein schon deshalb Stress. Sobald ich da keinen Balken zum Scrollen mehr sehe, fühle ich mich automatisch entlastet. Denn in jeder ungelesenen E-Mail schlummert eine unerledigte Aufgabe. Hier lassen sich Techniken und Tricks erlernen und anwenden, um schlicht und einfach aufzuräumen. Das reicht vom Abbestellen sämtlicher Newsletter, die man schon lange nicht mehr liest, bis zu einem Regelwerk im Mail-Programm, das zum Beispiel CC-Mails automatisch in einen eigenen Ordner verschiebt. Eine weitere Technik sind Termine mit sich selbst. Ausnahmslos jede Aufgabe wird zu einem Termin im Kalender! Manche sehen dann mit Erschrecken, dass sie für die nächsten vier Wochen komplett ausgebucht sind. So holt einen aber nur die verdrängte Realität ein. Und das eröffnet die Möglichkeit, etwas zu ändern.

Alle genannten Techniken sind erste Schritte, mit denen ich anfangen kann. Ich gewinne dadurch nicht nur Klarheit, sondern verschaffe mir auch erste Erfolgserlebnisse. Der wichtigste Schritt steht aber noch bevor. Es gilt jetzt zu reflektieren und gemeinsam mit anderen Menschen neue Lösungen zu finden. Genau an dieser Stelle nehme ich oft eine Blockade wahr, an der ich auch selbst schon mehr als einmal gescheitert bin. Es herrscht die Überzeugung, dass es sowieso keinen Ausweg gibt.

Übung: Der Außenblick

Verschaffen Sie sich einen Überblick über Ihren Arbeitsalltag:

1. **Führen Sie mindestens eine Woche lang Tagebuch über Ihren Arbeitstag. Schreiben Sie alle Tätigkeiten lückenlos auf.**

2. **Bewerten Sie am Ende des Tages jede Tätigkeit mit einem »m« für motivierend oder einem »s« für stressend.**

3. **Was fällt Ihnen auf? Wie ist das Verhältnis von motivierenden und stressenden Tätigkeiten? Machen Sie eine Mittagspause? Wie sieht es insgesamt mit Ruhephasen aus? Welche Tätigkeiten sind delegierbar? Welchen Einfluss hätte eine Delegation auf das Verhältnis von Motivations- und Stressmomenten? Sind Sie zufrieden mit dem Ergebnis des Tagebuchs, oder gibt es Handlungsbedarf? Mit wem sollten Sie ins Gespräch kommen und nach Lösungen suchen?**

Es gibt immer eine Lösung, sofern man sie gemeinsam sucht

»Mit meinem Chef brauche ich gar nicht darüber zu sprechen, wie ich Aufgaben abgeben könnte«, meint eine Führungskraft in meinem Seminar. »Bei ihm ist selbst Land unter.« Ein anderer meiner Teilnehmer sagt: »Es hat keinen Sinn zu diskutieren, denn wir haben alle das gleiche Problem und es gibt keine Lösung.« Wieder ein anderer behauptet: »Wenn es eine Lösung gäbe, wäre ich schon darauf gekommen.« Der Pessimismus dieser Teilnehmer und Klienten entpuppte sich jedoch als Glaube, und am Ende gab es für ihre Zeitprobleme doch Lösungen. Entscheidend für solche Lösungen ist es, zu hohe Erwartungen an sich selbst loszulassen. Ich muss die Lösungen nicht schon kennen, bevor ich ein Thema anspreche. Manche halten es für ihre Aufgabe als Führungskraft, jederzeit Lösungen für sämtliche Probleme aus dem Ärmel schütteln zu können. Ich kann das gut verstehen. Ich bin selbst im Osten Deutschlands so sozialisiert worden, dass man nichts kritisieren darf, ohne einen besseren Vorschlag zu haben. In Wirklichkeit ist es wichtig, den Mut aufzubringen, ergebnissoffen in gemeinschaftliche Diskussionen über zu wenig Zeitressourcen einzusteigen. Das findet meiner Wahrnehmung nach bis jetzt kaum irgendwo statt. Alle meinen, dass es keine Lösung gibt, und lassen sich deshalb auf die Lösungsfindung gar nicht erst ein.

Ich glaube gerne, dass niemand seiner Chefin oder seinem Chef damit kommen kann, ab nächster Woche alles anders machen zu wollen. Aber was ist mit dem Gespräch über kleine Schritte, erste Ideen? Da kommt dann jemand, der doch den Mut hatte, mit seinem Chef zu sprechen, aus dem Gespräch zurück und sagt: »Der hatte Verständnis für alles, und es war ein richtig gutes Gespräch.« Natürlich gibt es keine Garantie dafür, dass es auf Anhieb positiv läuft. Das ist aber keine Ausrede dafür, es gar nicht erst zu probieren. Hier wird vielen ein eingeschliffenes Muster zum Verhängnis: In ihrem Selbstbild sind sie Expertinnen und Problemlöser, deshalb scheuen sie sich, ohne einen fertigen Plan in Diskussionen zu gehen. In Wirklichkeit warten andere aber oft nur darauf, dass jemand mutig vorangeht und das Dilemma offen anspricht. Das ist Teil wirklich kraftvoller Führung: Veränderungen anzustoßen und es auszuhalten, dass sich der Weg zum Ziel erst noch ergeben muss.

Hier kommt auch noch einmal die Frage nach den unbewussten Motiven ins Spiel: Will ich die Veränderung wirklich? Auch wenn ich mich dann vielleicht etwas weniger gebraucht fühle oder weniger wichtig? Oder wenn ich mit unangenehmen Themen konfrontiert werde, die ich bisher mit dem Satz »Dafür habe ich keine Zeit« vom Tisch wischen konnte? Auch diese Klärung kostet natürlich Zeit. Nehme ich mir das Recht dazu? Wer es geschafft hat, darüber zu reflektieren, was ihn wirklich in den Stress treibt und welche Ängste es sind, die ihn hindern, Veränderungen anzugehen, der kann den entscheidenden Schritt machen. Er oder sie kann innerlich klar und angstfrei in ergebnisoffene Diskussionen über den Umgang mit Zeitressourcen im Unternehmen gehen.

Das ist keine Garantie für eine schnelle und einfache Lösung aller Probleme. Aber damit ist zumindest der Kampf schon einmal vorbei. Und vielleicht zeigt sich dann schnell, dass die Kolleginnen und Kollegen auch schon viele Bücher über Zeitmanagement gelesen und Seminare dazu besucht haben – ohne dass dies den gewünschten Erfolg gebracht hätte. Die klassischen Techniken des Zeitmanagements sind deshalb nicht grundsätzlich schlecht. Häufig werden sie einfach zu wenig an die individuellen Bedürfnisse und die Anforderungen eines

Unternehmens angepasst. Sie werden schematisch angewendet, statt sie zu modifizieren und weiterzuentwickeln. Im offenen Austausch mit anderen besteht die Chance, Reflexion und praktische Schritte miteinander zu verbinden: Wie könnten alle gemeinsam in Zukunft mit Zeitressourcen achtsamer umgehen? Wie lässt sich sicherstellen, dass alle genügend Regenerationszeit haben, um offen, motiviert und kreativ zu bleiben? Und welche Werkzeuge könnte man wie nutzen, um dieses Ziel zu unterstützen? Es geht hier nicht um das Optimum, wie es im Zeitmanagement oft das Ziel zu sein scheint. Sondern es geht darum, auch weit vom Optimum entfernt erst einmal wieder handlungsfähig zu werden und Freiräume zu gewinnen.

Ist das dringend – oder gibt da bloß jemand Druck weiter?

Wer heute in Unternehmen die Initiative ergreift, den Wahnsinn im Umgang mit Zeit, Aufgaben und Terminen zu beenden, der hat zuvor fast immer eine innere Entwicklung durchgemacht. Diese Entwicklung sieht bei jedem Menschen etwas anders aus. Alle, die den Kampfplatz Zeit verlassen konnten, haben aber auch etwas gemeinsam: Sie gewichten anders als früher, welche Erwartungen von außen sie bereit sind zu erfüllen und welche Grenzen sie sich selbst zu setzen erlauben. Sie sind innerlich weniger abhängig und gegenüber den Ansprüchen anderer an ihre Leistung weniger emotional. Das heißt nicht, dass sie unterm Strich weniger leisten. Oft ist sogar das Gegenteil der Fall, weil sie endlich fokussiert arbeiten, statt ihre Energie im Klein-Klein zu verlieren. Sie sind freier, weil sie nicht mehr so sehr von Ängsten und Befürchtungen getrieben sind. Manche haben auch gelernt, ihre emotionalen Bedürfnisse anders und besser zu befriedigen als durch Arbeit oder im Kontext von Arbeit.

Menschen, die eine Krise durchmachen mussten, um den permanenten Zeitstress hinter sich zu lassen, fühlen sich danach meist sicherer und sind gelassener. Dabei ist es egal, ob es eine gesundheitliche oder emotionale Krise war. Sie haben erlebt, dass etwas passieren kann. Aber sie haben eben auch erlebt, dass sie damit gut umgehen konnten. Und sie haben oft daraus gelernt. Mir ging das selbst ganz genauso. Ich hatte permanent Stress, bis ich am helllichten Tag nach einem Geschäftsessen buchstäblich umfiel. Mir wurde schwarz vor Augen und als ich wieder zu Bewusstsein kam, lag ich auf dem Boden einer Einkaufspassage und Helfer kümmerten sich um mich. Ich wurde auf einer Trage in einen Rettungswagen gebracht, der mich dann ins Krankenhaus fuhr. Dort ergab sich allerdings kein wirklicher Befund. Trotzdem konnte ich anschließend monatelang nicht mehr normal arbeiten. Ich musste mich endlich erholen. Nach dieser Erfahrung habe ich mir gesagt: So weit darf ich es nie mehr treiben! Ich bin nun sensibler für meinen Körper und spüre viel schneller, wenn es zu stressig für mich wird.

Manche befürchten, sie seien nicht mehr empathisch oder nicht mehr genug für andere da, wenn sie ihre eigenen Grenzen strenger bewachen und zu zusätzlichen Aufgaben öfter »Nein« sagen. Das muss aber nicht sein. Teil einer Entwicklung zu mehr innerer Unabhängigkeit ist es vielmehr zu lernen, genauer hinzusehen, wie wichtig eine Aufgabe wirklich ist, die an einen herangetragen wird. Ist etwas Wichtiges und Dringendes zu erledigen, und bin ich hier tatsächlich gefragt? Oder hat jemand selbst Druck und gibt den Druck bloß an mich weiter? Im ersten Fall bin ich selbstverständlich weiter ein verlässlicher Ansprechpartner. Im zweiten Fall kann ich Verständnis zeigen, also empathisch sein und das Thema trotzdem bei der betreffenden Person belassen. Je nach Situation kann ich vielleicht sogar gemeinsam mit ihr überlegen, was sich machen lässt. Ich sage der Person im Zweifel aber auch klar: »Wenn du dir wünschst, dass ich dir alles abnehme, dann werde ich dir diesen Wunsch nicht erfüllen können.«

Innere Stärke zeigt sich immer auch in starker Kommunikation. Führungskräfte, die den Kampfplatz Zeit verlassen haben, sprechen gegenüber den Mitarbeitenden ihr Dilemma gerne direkt an. Sie machen dem Team zum Beispiel klar, dass sie nicht gleichzeitig zum Nutzen aller Themen in der Tiefe bearbeiten und jederzeit erreichbar sein können. Im Dialog finden sich dann individuelle Lösungen, hier zum Beispiel bestimmte Sprechzeiten oder Formate, um Probleme gebündelt zu besprechen. Dabei hilft ein eher spielerischer Umgang mit den bekannten Werkzeugen des Zeitmanagements. Diese sind, wie gesagt, nicht veraltet oder nutzlos, selbst wenn wir das im Stress vielleicht irgendwann glauben. Die Kunst besteht darin, sie geschickt und der Situation angepasst einzusetzen. Dabei ist Geduld ein wichtiger Schlüssel. Mit Perfektionismus kommt man hier nicht weit. Meistens hat sich bereits so viel aufgestaut, dass es unmöglich ist, innerhalb von zwei, drei Wochen in die Spur zu kommen. Aber kleine Schritte sind immer möglich! Und wenn es Rückschläge gibt, lassen sie sich bewältigen, solange man sie akzeptiert, ohne die Geduld zu verlieren. Wer sich ehrlich mit den Dingen konfrontiert, sich öffnet und in den Dialog mit Menschen geht, der braucht auch auf dem Kampfplatz Zeit nicht bis zum Untergang auszuharren.

Übung: Freie Sicht

Nichts wird so unterschätzt wie ein voller Posteingangs-Ordner. Hinter E-Mails verbergen sich in aller Regel Aufgaben, und so findet unser Gehirn beim permanenten Blick in unser Mail-Programm keine Ruhe. Wir brauchen also ein System, das unserem Gehirn Entlastung bringt und uns gleichzeitig die Sicherheit schenkt, dass uns nichts verloren geht. Ich empfehle Ihnen daher mein Erfolgssystem »Freie Sicht«:

1. **Bauen Sie sich in Ihrem Mail-Programm ein Ordnersystem aus Monaten, Wochentagen und Projekten.**

2. **Die Monats- und Wochentage-Ordner dienen Ihrer Arbeitsplanung, die Projektordner Ihrer Ablage.**

3. **Nehmen Sie sich nun zunächst eine Stunde Zeit und ordnen Sie Ihre Mails aus dem Posteingang in den**

Monat, an dem Sie diese Mail und die damit verbundene Aufgabe erledigen wollen. Danach richten Sie einen Archivordner ein, in den sie alle weiteren E-Mails aus dem Posteingang verschieben. Damit haben Sie den Posteingang leergeräumt.

4. Schaffen Sie sich nun ein tägliches Ritual, indem Sie aus dem Archivordner 10 bis 20 E-Mails in die Monatsordner sortieren, vorausgesetzt die Mails müssen wirklich zu diesem Zeitraum bearbeitet werden. Ansonsten bleiben Sie im Archivordner oder werden in einem Projektordner abgelegt. Das gilt auch für alle bearbeiteten E-Mails.

5. Verschieben Sie am Ende der zurückliegenden Woche oder zu Beginn der neuen Arbeitswoche die zu erledigenden Mails aus dem Monatsordner in die jeweiligen Wochentags-Ordner. Diese werden dann zu Terminen in Ihrem Tageskalender.

6. Machen Sie aus jeder Aufgabe einen festen Termin im Kalender. Nur so behalten Sie den Überblick, was am jeweiligen Tag umsetzbar ist. Sollte der Kalender nur noch dicht sein, müssen Sie ins Handeln kommen und gemeinsam mit Ihrem Team (Delegation) oder Ihrer eigenen Führungskraft (Eskalation) nach Lösungen suchen.

7. Zeitmanagement ist ein dynamischer Prozess, der davon lebt, dass Sie eine Planung haben und diese gleichzeitig jederzeit wieder loslassen können und neue

Entscheidungen treffen. Der größte Fehler ist dabei, Planung aufzugeben, da sie nur von kurzer Dauer ist. Machen Sie ihn bitte nicht! Nehmen Sie das Spiel an und manövrieren Sie sich mit einer flexiblen Planung erfolgreich durch Ihren Arbeitsalltag!

KAMPFPLATZ MITARBEITENDE: DENN SIE MACHEN NICHT, WAS SIE SOLLEN

Die idealen Mitarbeitenden arbeiten motiviert, machen keine Fehler, hören zu und befolgen sämtliche Anweisungen. So stellt man sich das als Führungskraft vor. Und erlebt im Alltag dann Widerstände und Störfeuer. Zumindest interpretiert man das Verhalten der Mitarbeiter so. Den Ausweg aus Dauerkonflikten am Arbeitsplatz findet, wer die Unterschiedlichkeit von Menschen versteht und ihnen Raum gibt.

»Ich habe das Gefühl, ich bin im Kindergarten.« Diesen Satz höre ich oft von Führungskräften und habe ihn früher auch häufig selbst gedacht. Als Führende haben wir immer zu wenig Zeit, verfolgen anspruchsvolle Ziele und möchten alles möglichst gut machen. Wir bemühen uns, sachorientiert zu arbeiten und im Unternehmen für Produktivität zu sorgen. Unsere Mitarbeitenden sollen da mitziehen und keinen Stress verursachen. Der ideale Mitarbeiter tut, was er soll, macht möglichst wenig Fehler und hat keine weiteren Fragen. Sicher: Das ist eine hierarchische Vorstellung von Mitarbeit. Aber sie war und ist immer noch weit verbreitet. Was nichts daran ändert, dass sie nicht funktioniert. Deshalb erleben wir als Führungskräfte in unserem Verantwortungsbereich statt einer gut geölten Maschine alles an Drama, was auch eine gute Netflix-Serie ausmachen würde: Feindschaften und Intrigen, emotionale Ausraster, irritierende Handlungsweisen, unerklärliche Konflikte, Gekränktsein und Abtauchen sowie offene oder versteckte Rebellion, manchmal bis hin zur Sabotage. Und dann haben wir eben manchmal das Gefühl, die einzigen erwachsenen Menschen in diesem Kindergarten seien wir selbst. Aber ist das eine korrekte Zustandsbeschreibung?

Zunächst ist der Vergleich mit dem Kindergarten gar nicht mal komplett schief. Nach dem psychologischen Modell von Eric Berne und dessen Schülern gehen erwachsene Menschen unter bestimmten Bedingungen tatsächlich zurück in einen wenig hilfreichen inneren Kind-Zustand. Sie sind dann entweder überangepasst und warten nur noch auf Anweisungen. Oder sie rebellieren und es kann schwierig sein, sie in die Schranken zu weisen. Die Frage ist allerdings: Was treibt Mitarbeiter in ihr angepasstes oder rebellisches Kind-Ich? Und da können wir nicht so tun, als hätten wir damit nichts zu tun. Das stimmt nämlich nicht. Die Vorstellung, dass da einer sachlich und zielorientiert seine Arbeit macht, während andere immer wieder ohne Grund »spinnen«, »rumzicken« oder »sabotieren« (alles Vokabeln, die dann hinter vorgehaltener Hand fallen), ist eine verzerrte Wahrnehmung der Wirklichkeit. Permanent und nicht bloß zeitweise schwierige Mitarbeiter sind selten. Noch seltener sind Menschen mit diagnostizierbaren Persönlichkeitsstörungen. Sehr häufig sind dagegen schwierige Situationen. Die Frage lautet also: Wie gehen wir mit schwierigen Situationen im Führungsalltag gut um?

Eines scheint klar: Führung als solche ist schwierig. Das zeigt sich in fast jedem Kapitel dieses Buchs aufs Neue. Auch im Umgang mit Mitarbeitenden bewegen wir uns als Führungskräfte in einem Spannungsfeld. Die Organisation verlangt von mir, dass ich Produktivität sicherstelle, während meine Mitarbeiter ein Füllhorn von Erwartungen an mich als die Person haben, von der sie geführt werden: Mitarbeitende wollen Sicherheit spüren. Sie wollen motiviert und ermutigt werden. Sie möchten Wissen und Informationen vermittelt bekommen, gleichzeitig aber auch ausreichend Entwicklungsspielraum haben und eine Zukunftsperspektive sehen. Wie realistisch ihre einzelnen Erwartungen sind oder ob sie mit ihren übrigen Erwartungen vereinbar sind, interessiert die wenigsten Mitarbeiter. Sie haben schließlich keine Führungsverantwortung und deshalb auch nicht die Aufgabe, das große Ganze in den Blick zu nehmen.

Aber auch im Führungsjob gibt es selten ein Innehalten. Zeitdruck und Ressourcenknappheit zehren an den Nerven. Wenn es nicht läuft wie erwartet, geht der Stresspegel weiter nach oben. Deshalb wünscht man sich Mitarbeitende, die schnell eingearbeitet sind, ihren Job gut machen und ihre Motivation möglichst selbst mitbringen. Sobald es Ärger mit Mitarbeitenden gibt, ist das in den Augen vieler Chefinnen und Chefs, die ich persönlich kenne, ein Störfall. Dabei gehört es eigentlich zu unseren Kernaufgaben als Führungskraft, sich um die Probleme der Mitarbeitenden zu kümmern. Wenn die Dinge ganz von allein liefen, wozu bräuchte es dann überhaupt noch Führung? In Unternehmen, in denen zumindest das meiste reibungslos funktioniert und zwischenmenschliche Konflikte schnell gelöst werden, liegt dies an guter Führung. Letztlich wissen das die meisten Führungskräfte auch. Die Mehrheit hat heute auch gar keine richtige Lust mehr auf hierarchisches Denken und einen autoritären Führungsstil. Viele spielen die Machtkarte nur, wenn sie sich nicht anders zu helfen wissen.

Ein Kampf mit dem Potenzial für täglich neue Dramen

»Klar hätte ich gerne mehr Zeit für meine Mitarbeiter«, sagt mir eine Führungskraft, Ende 30, als wir uns das Dilemma gemeinsam mit etwas Abstand anschauen. »Ich schaffe das aber nicht. Ich stecke im operativen Geschäft fest und bin manchmal den ganzen Tag damit beschäftigt, Brände zu löschen. Dann sage ich den Leuten oft nur kurz und knapp, wie es laufen soll.« Wer würde sich nicht lieber mehr kümmern, als Anweisungen zu geben und Druck auszuüben? In letzter Zeit höre ich häufig von Führungskräften, dass ihnen sogar die Zeit fehlt, mit jedem einzelnen Mitarbeitenden ein Jahresgespräch zu führen. »Ich bin Chefin von 30 Teammitgliedern«, erzählt mir eine Frau, die bei einem großen Mittelständler arbeitet, »das wären dann 30 Termine im Jahr, und die bringe ich in meinem Kalender einfach nicht unter.« Immer öfter sieht ein »Mitarbeitergespräch« heute so aus, dass man sich kurz zusammensetzt und gemeinsam den Ergebnisbogen ausfüllt. Pflicht erledigt, weiter geht's! Da bleibt keine Zeit, Menschen in ihrer Persönlichkeit wirklich kennenzulernen, sie zu verstehen und Vertrauen aufzubauen. Keine Zeit, Menschen in ihrer Entwicklung zu unterstützen und sie zu ermächtigen. Keine Zeit für das Wesentliche.

So wird das Verhältnis zwischen Führungskräften und Mitarbeitenden schließlich zum Kampfplatz. Auf sich allein gestellt, frustriert im Hinblick auf zentrale Bedürfnisse und nicht ausreichend ermutigt, Verantwortung zu übernehmen, rutschen Mitarbeiter und Mitarbeiterinnen in den inneren Zustand des angepassten oder des rebellischen Kinds. Als Führungskraft, die diese Dynamik nicht erkennt, laufe ich jetzt nur allzu leicht in eine Falle: Statt souverän und wie ein reifer Erwachsener zu reagieren, behandele ich meine Mitarbeitenden von oben herab. Den Überangepassten erkläre ich jeden Handgriff, während ich den Rebellen drohe und ihnen Druck mache. Wen dieses Spiel an Eltern und kleine Kinder erinnert, der liegt auch psychologisch gesehen richtig. Entsprechend fällt die Reaktion der Mitarbeitenden aus: Die Unselbstständigen werden durch Mikromanagement nur noch unselbstständiger – und die Rebellen rebellieren unter Druck nur noch mehr.

Der dabei entstehende Kampf bietet das Potenzial für immer neue Konflikte und täglichen Streit. Manchmal entsteht dabei eine Gruppendynamik, die Gegner einer Führungskraft sich mit anderen Mitarbeitenden verbünden lässt. Endgültig auf dem Kampfplatz verstrickt, verstehen viele Führungskräfte die Welt nicht mehr. Einige kommen dann zu einem Trainer und Coach wie mir und erhoffen sich Tipps und Tricks, wie sie schwierige Mitarbeiterinnen und Mitarbeiter knacken können. Statt den Kampfplatz zu verlassen, rüsten sie erst einmal auf. Waffen aller Art sind willkommen: juristische, rhetorische und psychologische. Ich persönlich kann diesen Impuls nur allzu gut verstehen. Er zeigt, wie schnell wir als Führende in dieser Situation emotional überfordert sind. Wir meinen, weiter kämpfen zu müssen, um uns durchzusetzen. Der Kampf ist allerdings nicht zu gewinnen, solange das Grundproblem unangetastet bleibt.

Unternehmer versuchen das Problem oft loszuwerden, indem sie schwierige Mitarbeiter entlassen. Manchmal werden sie dazu durch Führungsliteratur noch ermutigt. Ein im deutschsprachigen Mittelstand beliebtes System der Unternehmensführung gibt Chefinnen und Chefs zum Beispiel den Rat, ihre Angestellten in A-, B- und C-Mitarbeiter einzuteilen. B-Mitarbeiter lassen sich demnach noch entwickeln, während man sich von C-Mitarbeitern trennen muss – aus rein sachlichen und objektivierbaren Gründen versteht sich. In der Praxis ist so etwas eine Einladung, Mitarbeiter menschlich abzuwerten, um sie dann ohne schlechtes Gewissen feuern zu können. Die wirklichen Probleme löst man so nicht, denn wie durch einen Fluch taucht im verbliebenen A- und B-Team bald wieder der nächste vermeintliche C-Mitarbeiter auf. Die gruppendynamischen Prozesse sind schließlich unverändert. Auch angestellte Führungskräfte haben häufig den Wunsch, sich von lästigen Mitarbeitenden zu trennen. Bei einem mit mir befreundeten Arbeitsrechtler sitzen fast täglich Mandanten im Büro, die dafür nach passenden Wegen suchen. Sehr häufig geht es nicht, jemanden hinauszubefördern. Das kann allerdings auch ein Segen sein! Wie wäre es, lieber den Kampfplatz zu verlassen und das Problem in der Tiefe zu lösen?

Dialog auf Augenhöhe führt aus dem Dilemma

Keine Frage: Als Führungskräfte wünschen wir uns eigentlich alle ein gutes Verhältnis zu unseren Mitarbeitenden. Wir möchten Widerständen am liebsten konstruktiv begegnen und weder kämpfen noch jemanden entlassen müssen. Häufig erliegen wir aber auch einem Missverständnis: Wir glauben, eine friedliche Problemlösung könne nur darin bestehen, den Mitarbeitenden entgegenzukommen. Eine männliche Führungskraft sagte mir sogar einmal: »Wenn ich mich mit dem Mitarbeiter an einen Tisch setze, dann gebe ich ihm dadurch ja schon ein Stück weit recht.« Das ist eine Verwechslung! Bei der Art von Kommunikation, die den Kampf zwischen Führenden und Mitarbeitenden beendet, geht es zunächst einmal ums Zuhören und nicht ums Rechthaben. Weder ist es hilfreich, mit der Absicht in einen Dialog zu gehen, sich auf jeden Fall durchzusetzen, noch hilft einem die Angst, seine Position sofort aufgeben zu müssen. Auch der Glaube, am Ende stünde stets der Kompromiss und man treffe sich immer auf halbem Wege, ist bloß ein Glaube und keine in Stein gemeißelte Wahrheit.

Der Schlüssel liegt darin, in einen offenen Dialog zu kommen. Dieser Dialog schließt nicht aus, dass ich mich als Führungskraft gegenüber dem Mitarbeitenden klar positioniere. Er erfordert es aber auch nicht, als Chef oder Chefin auf alles sofort eine Antwort zu haben. Mangelnde oder mangelhafte Kommunikation ist fast immer die eigentliche Ursache der Probleme. Wo es keine gelungene Führungskommunikation gibt, da gehen Mitarbeitende irgendwann in ihr Kind-Ich und gestresste Führungskräfte im Gegenzug ins Eltern-Ich. Dialog auf Augenhöhe findet dagegen auf beiden Seiten aus dem Erwachsenen-Ich heraus statt. Kommunikation dient nicht allein der Problemlösung, sondern Kommunikation als solche ist bereits Teil der Lösung! Durch Führungskommunikation erhalten Mitarbeitende schrittweise genau das an Unterstützung, Anerkennung, Ermutigung und Vertrauen, was sie brauchen, um Verantwortung zu übernehmen und zukünftig nicht mehr in kindliche Ich-Zustände abzurutschen. Sobald ich mich als Führungskraft traue, neu auf Mitarbeiterinnen und Mitarbeiter zuzugehen und in einen ergebnisoffenen Dialog einzutreten, habe ich das Grundproblem schon so gut wie gelöst.

Als Nächstes dürfen wir uns alle von der Illusion verabschieden, dass ein vollkommen konfliktfreies Miteinander in Organisationen möglich wäre. So verständlich es ist, wenn gestresste Führungskräfte sich ein Team wie eine korrekt eingestellte Maschine wünschen, so realitätsfern ist es gleichzeitig auch. Wo Menschen aufeinandertreffen, gibt es immer auch Konflikte. Selbst reale Maschinen laufen ja nicht 24 Stunden am Tag, sieben Tage die Woche durch, sondern fallen aus, müssen repariert, gewartet oder neu eingerichtet werden. Das Spannungsfeld von Führung zwischen Produktivitäts- und Wachstumserfordernissen auf der einen und menschlichen Bedürfnissen auf der anderen Seite lässt sich nicht auflösen. Die Frage lautet hier: Habe ich festgefahrene Grundkonflikte, die zu einem Kampf ausgeartet sind, den niemand mehr gewinnen kann? Oder plagen mich bloß ein paar alltägliche, unvermeidliche Konflikte, die sich im Dialog lösen lassen? Ja, die sogar produktiv sein und inneres Wachstum bedeuten können, wenn ich gemeinsam mit meinen Mitarbeitenden da durchgehe? Menschenführung beginnt dort, wo es Reibung gibt. Das gilt es zu akzeptieren und am besten als Chance zu begreifen.

Bereits in dem klassischen Phasenmodell der Teamentwicklung von Bruce Tuckman gibt es die unvermeidliche Storming-Phase, in der Konflikte auftauchen und es hoch hergeht. Ein Team bildet sich (*forming*), wird bald darauf durch Konflikte durchgeschüttelt (*storming*), die es aber konstruktiv lösen und mit geeigneten Spielregeln künftig vermeiden kann (*norming*). Erst danach ist das Team voll leistungsfähig (*performing*). Allerdings dauert keine Performing-Phase ewig. Sobald sich Bedingungen gravierend ändern, tauchen neue Konflikte auf, die eine weitere Storming-Phase einläuten. Und danach geht es immer so weiter. Es ist ein Zyklus. Konflikte gänzlich zu vermeiden, kann also nicht das Ziel sein. Für uns als Führungskräfte geht es vielmehr darum, uns so gut zu organisieren, dass wir die zeitlichen und mentalen Ressourcen haben, um Mitarbeitende wirklich führen zu können. Überforderte Führungskräfte sagen: »Ich will meine Ruhe haben!« Souveräne und gelassene Führende akzeptieren, dass Konflikte in einem gewissen Maß normal sind. Sie fühlen sich dieser Herausforderung gewachsen und nehmen sie an.

Übung: Klarheit durch Austausch

Gemäß dem Teamphasen-Modell nach Tuckman nehmen Sie sich Zeit für eine Analyse der Dynamik in Ihrem Team. Kommen Sie dazu innerhalb eines Workshops mit Ihrem Team ins Gespräch:

1. **Wo steht mein Team gerade? Wo steht jeder Einzelne innerhalb der Teamentwicklung?**

2. **Gibt es ungeklärte Missverständnisse oder unausgesprochene Konflikte innerhalb des Teams, die durch meine Initiative auf den Tisch kommen sollten?**

3. **Wie kann ich eine Lösungsdiskussion anregen, ohne in die Schiedsrichterrolle zu rutschen?**

4. **Welche Vereinbarungen müssen getroffen werden, damit das Team produktiv(er) ist und sich jeder Einzelne einbringen kann?**

5. **Wenn mein Team eine Schiffsmannschaft wäre, welche Rollen sind von wem besetzt? Wie geht es den Beteiligten mit den jeweiligen Rollen? Sind die Rollen gemäß dem Arbeitsprozess sinnvoll verteilt?**

Der nächste Sturm kommt bestimmt – na und?

Was wir in den Unternehmen letztlich brauchen, ist ein Mentalitätswandel auf allen Führungsebenen. Es geht dabei um das Führungsverständnis und um die Priorität, die der einzelne Mensch mit seinen Bedürfnissen nach Entwicklung und Selbstverantwortung hat. Heute ist es oft noch so, dass Führungskräfte von ihren eigenen Chefs und Chefinnen wenig Unterstützung bei der Lösung von Konflikten mit Mitarbeitenden bekommen. Selbst dann nicht, wenn sie ausdrücklich darum bitten. »Mein Chef sagte nur: ›Löse das Problem, ich kann mich darum nicht auch noch kümmern‹«, erzählt mir eine Führungskraft. So steigt wieder einmal nur der Druck. Auch das höhere Management muss sich mehr Zeit nehmen für alle Menschen im Unternehmen. Der Druck auf einzelne Personen, Probleme lösen zu sollen, behindert schließlich auch die Weiterentwicklung der Unternehmenskultur. Jüngere wünschen sich ja heute oft schon New Work – sie wollen, dass die Arbeit hierarchiefrei organisiert ist und alle sich wohlfühlen. Dann geraten sie überraschend in Konflikte, mit denen sie nicht umgehen können und mit denen erfahrenere Führungskräfte sie häufig auch allein lassen. Meine Beobachtung ist, dass in dieser Drucksituation gerade jüngere Führungskräfte schnell die Machtkarte spielen – obwohl sie das doch eigentlich nicht wollen! Ältere und vermeintlich hierarchischer geprägte Führende sind da nicht selten gelassener, weil sie schon eine innere Entwicklung durchgemacht haben.

Wir sollten New Work und den Umgang auf Augenhöhe nicht aufgeben, bloß weil alles schwieriger ist als gedacht. Ein wenig mehr Realismus täte aber gut! Arbeit soll Spaß machen und die Selbstverwirklichung fördern, das ist gar keine Frage. Doch es kann nicht alles immer und überall nur Spaß machen. Muss es auch gar nicht, denn schwierige Situationen gemeinsam zu meistern, bedeutet auch eine große Chance für unsere Entwicklung und die Verwirklichung unseres Potenzials. Wenn ich immer nur spielen will, ist das eine kindliche Erwartung. Jugendliche steigen heute manchmal bei Ferienjobs aus, sobald sie merken, dass die Arbeit nicht nur Spaß bringt, sondern es auch schwierige Situationen gibt. Oft würde es sich lohnen, dranzubleiben.

Denn dann verdienten die Jugendlichen sich nicht nur etwas hinzu, sondern entwickelten sich auch weiter. Das Leben besteht aus Höhen und Tiefen. Sich das schönzureden oder davor wegzulaufen, ist keine Lösung. Besser ist es, die Schattenseiten zu akzeptieren und sich auf einen Entwicklungsweg zu begeben.

Als ich meine erste Führungsrolle übernommen habe, hätte ich vor allem diese Dinge gerne vorher gewusst: Es wird zu Missverständnissen kommen. Es wird emotional manchmal hoch hergehen. Und es wird mir nicht möglich sein, bei jedem auftauchenden Problem sofort eine Lösung präsentieren zu können. Das alles ist normal. Unser Führungsverständnis sollte deshalb nicht allein auf Performing (im Sinne von Tuckman) abzielen, sondern auch auf Storming. Wir dürfen uns ja freuen, wenn gerade alles läuft wie geschmiert. Aber die nächste Sturmphase kommt unweigerlich. Warum? Weil Menschen unterschiedlich sind. In letzter Konsequenz ist die Unterschiedlichkeit von Menschen die Ursache sämtlicher sozialer Konflikte. Wären wir alle Engel oder alle erleuchtet und im Einheitsbewusstsein, gäbe es möglicherweise keine Konflikte mehr. Aber dann wäre das Leben auch wesentlich langweiliger.

Früher war ich kein großer Freund von Persönlichkeitsmodellen. Heute arbeite ich gerne mit bewährten Typologien. Letztlich ist es nicht so wichtig, welche Persönlichkeitstypologie jemand bevorzugt und praktisch anwendet. Ein Modell muss lediglich eines können: im Führungsalltag das Bewusstsein dafür schärfen, es mit unterschiedlich gepolten Menschen zu tun zu haben, die in ein und derselben Situation jeweils anders reagieren. Die einen sind zurückhaltend, die anderen impulsiv oder dominant. Die einen wollen alles haarklein erklärt haben, den anderen geht Haarspalterei auf die Nerven. Die einen sprudeln vor Ideen, die anderen sind grundsätzlich erst mal skeptisch und so weiter. Wo gegensätzlich geprägte Menschen aufeinandertreffen, herrscht Konfliktpotenzial. Schwierig wird es, wenn ich als Führungskraft glaube, Konflikte würden sich auf der Sachebene entzünden – und seien auch rein sachlich lösbar. In Wirklichkeit schauen unterschiedliche Persönlichkeitstypen durch ihre jeweilige Brille auf jeden Sachverhalt. Konflikte, die sich aus verschiedenen Perspektiven und Kommunikationsstilen ergeben, sind dann Beziehungskonflikte.

Als Führungskräfte sind wir natürlich immer auch ein bestimmter Persönlichkeitstyp und daher keine Zuschauer, sondern Teil des Spiels. Viele von uns haben zum Beispiel einen hohen Dominanzanteil und es macht sie wahnsinnig, wenn Mitarbeitende jedes ihrer Worte auf die Goldwaage legen. Kenntnisse verschiedener Persönlichkeitstypen, Geduld und Selbstreflexion helfen dabei, immer besser zu verstehen, was unterschiedliche Mitarbeitende in bestimmten Situationen jeweils brauchen, um sich voll einzubringen.

Die Dinge offen anzusprechen, ist schon die halbe Lösung

Konflikte gehören zum Leben, gleichzeitig sind wir Menschen von Natur aus konfliktscheu. Das klingt paradox, ist aber kein Widerspruch. Es hat ja auch kein Mensch gerne Schnupfen oder einen Muskelkater. Aber die meisten akzeptieren, dass solche kleinen Beschwerden zum Leben gehören, ohne sich deshalb als übermäßig anfällig für Krankheiten zu empfinden. In diesem Sinn darf ich als Führungskraft meinen Mitarbeitenden unterstellen, dass sie alle grundsätzlich an einer harmonischen und produktiven Zusammenarbeit interessiert sind. Selbst wer aufgrund seiner Persönlichkeitsstruktur öfter provoziert und sich gerne mit anderen im Wettbewerb misst, möchte kein auf Dauer negatives und destruktives Umfeld. Kommt es aufgrund unterschiedlicher Sichtweisen oder durch Missverständnisse zu den unvermeidlichen Rangeleien, ist das den meisten Menschen unangenehm. Es bedeutet nämlich Stress. Deshalb ist es auch keinem Mitarbeitenden vorzuwerfen, dass er oder sie ein Konfliktfeld am liebsten schnell verlassen möchte und hofft, dass ich als Führungskraft das Problem löse.

Was aber ist wirklich meine Aufgabe in einer Führungsrolle? Zunächst einmal, was sie nicht ist: Ich sollte der Versuchung widerstehen, bei Konflikten vorschnell Partei für Personen zu ergreifen, die mir von der Charakterstruktur her ähnlich sind. Diese Tendenz ist menschlich, schließlich versteht man sich mit Menschen auf ähnlicher

Wellenlänge am besten. Aber es ist zu einfach und nicht hilfreich, nur mit denjenigen zu sprechen, zu denen man sowieso einen guten Draht hat – und andere am liebsten loswerden zu wollen. Besser ist es, erst einmal innerlich einen Schritt zurückzutreten und die Emotion herauszunehmen. Gehen Sie mehr in die Beobachterrolle, auch sich selbst gegenüber. Und dann treten Sie in einen wirklich offenen Dialog mit der Konfliktpartei ein – ohne Voreingenommenheit und auch ohne schon mit einer fertigen Lösung in der Tasche anzukommen. So etwas gelingt, sobald man sich selbst in einen mentalen Zustand der Offenheit versetzt.

Das wiederum setzt ein anderes Führungsverständnis voraus als das des Machers, der immer alles regeln und alle Antworten sofort parat haben will. Souveräne Führungskräfte schaffen es, die Dinge wachsen und Lösungen sich ergeben zu lassen. Sie treten als Brückenbauer auf, die offen sind für verschiedene Sichtweisen. Sie haben keine Angst vor Storming, sondern können es mit ruhiger Hand ins Norming überleiten. Es ist ein häufiges Missverständnis zu glauben, man müsste Mitarbeiter und Mitarbeiterinnen ständig motivieren, ihre Arbeit richtig zu machen, und ihnen Zügel anlegen, sobald sie zu eigensinnig werden. Vor dem Bedürfnis nach Motivation kommt stets das nach Sicherheit! Nicht nur der überangepasste Mitarbeitende ist nämlich unsicher, sondern auch der rebellische. Wer als Führungskraft souverän und gelassen auftritt und durch Zuhören seine Wertschätzung ausdrückt, der vermittelt Sicherheit. Motivation stellt sich dann oft automatisch ein. Ruhe ausstrahlen, offen sein und Dinge direkt ansprechen ist schon die halbe Konfliktlösung. Und bitte keine Angst, nicht die richtigen Worte zu finden! Menschen öffnen sich, wenn sich jemand ihnen nur ehrlich zuwendet. Sie spüren, dass der andere es ernst meint. Dann geschehen oft kleine Wunder.

Und was ist, wenn ein Mitarbeitender hartnäckig Stress verursacht, entweder bei Kollegen, Kolleginnen oder bei mir? Dann muss ich mich zwar positionieren, aber ich brauche nicht zu kämpfen. Zunächst einmal würde ich es mir immer zum Ziel setzen, den Mitarbeiter oder die Mitarbeiterin zurückzugewinnen und wieder positiv zu integrieren. Habe ich diese Einstellung, dann strahle ich das auch aus und trete nicht konfrontativ auf. Fällt mir das schwer, weil ein Konflikt zum

Beispiel schon weit eskaliert ist, kann ich einmal alles aufschreiben, was ich an der Person schätze, und in einer zweiten Spalte, was mich an ihr irritiert. Fällt mir nur wenig oder nichts ein, was ich schätze? Psychopathen sind extrem selten, das weiß ich. Also liegt es vielleicht an meiner Perspektive? Was habe ich zu wenig im Blick? Persönlichkeitsmodelle können hier Anregungen bieten, beim anderen Stärken zu erkennen, die mir selbst vielleicht nicht so wichtig sind. Meine Gespräche mit der Person sind dann vom Fokus auf ihre Stärken und von Wertschätzung geprägt. So könnte ich zum Beispiel sagen: »Ich schätze deine Fähigkeit, Risiken zu erkennen, und gleichzeitig habe ich die Sorge, dass wir im Team nicht weiterkommen, wenn wir jetzt zu vorsichtig sind und nicht auch einmal etwas riskieren …« Derart wertgeschätzt öffnen sich Menschen für eine Lösung.

Keine Trennung ohne genügend Raum für Gespräche

Steht am Ende stets die perfekte Integration? Nein, das wäre nicht realistisch. Manchmal zeigt sich in einer Konfliktsituation, dass ein Mitarbeitender am falschen Platz ist. Wenn das der Fall ist, sollte man ehrlich darüber sprechen und gemeinsam klären, ob es nicht besser ist, getrennte Wege zu gehen. Allerdings: Wenn es erst durch einen Konflikt zufällig auffällt, dass jemand den falschen Job macht, dann hat Führung bereits versagt. Das Ziel muss es also sein, mit Mitarbeitenden so kontinuierlich und offen zu kommunizieren, dass es nicht irgendwann zu bösen Überraschungen kommt. Personalgespräche in ihrer heutigen Form sind hier oft eine vertane Chance. Wenn ich ein Gespräch an Ziele oder sogar an Teile des Gehalts kopple, dann bin ich nicht im Dialog, sondern in einer Verhandlung. Kein Wunder, dass Personalgespräche oft als belastend empfunden werden. Manchmal gibt es heute überhaupt keinen Rahmen, um Mitarbeitende einmal offen zu fragen: »Wie geht es dir? Wie zufrieden bist du? Was wünscht du dir?« Und mit offen meine ich wirklich offen – ohne versteckte Erwartungen. Hier ist Kreativität gefragt, um passende Gesprächsanlässe zu finden.

Ins Gespräch kommen, zuhören und ehrliches Feedback einzuholen ist also die erste Voraussetzung, damit das Verhältnis zu Mitarbeitenden gar nicht erst in die Nähe des Kampfs kommen kann. Die zweite Voraussetzung besteht darin, frühzeitig mit einem Mitarbeitenden zu sprechen, wenn man merkt, dass etwas schiefläuft oder es der Person nicht gut geht. Auch dabei hilft die Reflexion des Führungsverständnisses. Es ist die Aufgabe der Führungskraft, die Überlebensfähigkeit der Organisation und deren Produktivität zu sichern. Dazu gehören Mitarbeitende, die mit ihren Kennnissen und Fähigkeiten am richtigen Platz sind und sich wohlfühlen, damit sie produktiv sein können. Das hilft als Kompass und schenkt uns in jeder Situation das nötige Selbstvertrauen. Heikel werden Gespräche mit Mitarbeitern und Mitarbeiterinnen meistens erst, wenn es schon zu spät ist und man lange nichts gesagt hat. Schweigen wird gerne als Zustimmung gewertet. Es ist keinem Mitarbeitenden vorzuwerfen, wenn er Kritik aus heiterem Himmel als Schock empfindet.

Und was ist eigentlich mit der Probezeit? In vielen Unternehmen wird sie kaum genutzt. Aber einem Mitarbeiter oder einer Mitarbeiterin am Ende der Probezeit zu sagen »Das war nichts«, ist sowohl unfair als auch unklug aus Unternehmenssicht. Wahre Führungskraft zeigt sich darin, auf neue Mitarbeitende immer wieder zuzugehen, sie anzusprechen und bei Problemen vielleicht erst einmal ihre Wahrnehmung zu teilen. Das bedeutet, zum Beispiel zu fragen »Ich finde dieses und jenes gerade schwierig – wie siehst du das?« und dann offen zu bleiben und es auch zu akzeptieren, wenn der Mitarbeitende behauptet, es sei alles in Ordnung. Die unterschiedliche Wahrnehmung kann tausend Gründe haben. Oder das nötige Vertrauen, um sich zu öffnen, ist noch nicht da. Dann heißt es, einfach dranzubleiben und immer wieder das Gespräch anzubieten. Auch zwanglos, auf dem Flur, in der Warteschlange beim Mittagessen, auf dem Parkplatz. Souveräne Führende nehmen Blickkontakt zu Menschen auf, wo sie gehen und stehen. Sie signalisieren mindestens Gesprächsbereitschaft und sprechen introvertierte Mitarbeiter und Mitarbeiterinnen auch direkt an.

Bevor ich mich tatsächlich von einem Mitarbeitenden trenne, würde ich stets prüfen, ob die Person genügend Raum hatte, sich auszudrücken und mitzuteilen, was ihn oder sie beschäftigt. Es ist nach meiner Erfahrung einer der größten Fehler, aus Angst vor der Konfrontation nicht oder nicht genug ins direkte Gespräch zu gehen. Menschlich ist das ja verständlich – jemand hat schon Stress und braucht nicht noch mehr. Wer sich hier wegduckt, hat aber meist nach einer gewissen Zeit ein noch größeres Problem. Da gilt es, sich lieber einen Ruck zu geben, seiner Fürsorgepflicht gegenüber Mitarbeitenden nachzukommen und offen miteinander zu sprechen. Auch wenn es, wie immer im Leben, keine Erfolgsgarantie gibt.

Ich selbst habe schon alle Extreme erlebt: Einer Mitarbeiterin stellte ich nach vielen vorsichtigen Gesprächen ganz direkt die Frage, ob es für sie wirklich noch passt in unserer Firma. Sie wirkte durch die Frage total erleichtert – und verneinte. Während ihrer restlichen Zeit bei uns war die Zusammenarbeit so gut, wie sie besser nicht sein konnte. Auch die Übergabe an ihre Nachfolgerin erledigte die Mitarbeiterin vorbildlich. In einem anderen Fall bin ich genauso vorgegangen und sah den Mitarbeiter dann beim Arbeitsgericht wieder. Ich habe das nicht persönlich genommen und so wenig emotionales Drama daraus gemacht, wie es mir möglich war. Dadurch wurde es für mich und alle anderen einfacher. Ich konnte erkennen, dass die Person, die uns verklagt hatte – ohne Erfolg übrigens –, einfach unsicher und überfordert war. Trotz dieser gemischten Erfahrungen würde ich immer wieder auf Gespräche und gutes Einvernehmen setzen.

Wenn Menschen sich plötzlich gerne führen lassen

Am Ende hängt alles von meiner Innenwelt als Mensch in einer Führungsrolle ab. Wie viel Vertrauen in das Leben habe ich? Wie sehr bin ich dementsprechend bereit, Menschen zu vertrauen und immer erst einmal vom Besten auszugehen? Und inwieweit kann ich Dinge einfach auf mich zukommen lassen, in der Gewissheit, dass ich jeder Situation gewachsen sein werde? Führungsstärke hat stets auch mit Antworten auf Lebensfragen zu tun, die ich zunächst für mich selbst finden darf. Innere Stabilität und Reflektiertheit erlauben es mir, in jeder Konfliktsituation Ruhe zu bewahren. Dazu brauche ich nicht einmal jeden Morgen eine halbe Stunde zu meditieren. Es genügt der Entschluss, in der Führungsrolle zu bleiben und problematische Situationen zunächst zu beobachten, statt sich emotional darin zu verstricken. Solange ich inneren Abstand wahren kann, sehe ich Mitarbeitende auch nicht als Kinder im Kindergarten, sondern als unterschiedliche Charaktere, die ihre Sache gut machen und gut miteinander auskommen wollen, aber manchmal Probleme bekommen – so wie wir alle. Das ist nicht so, weil es die falschen Mitarbeitenden wären, sondern weil das Leben so ist, dass es hin und wieder Schwierigkeiten gibt. Als wahre Führungskraft gehe ich nicht in die Rolle eines Elternteils und spiele auch nicht den Schiedsrichter. Eher will ich Moderator sein. Moderationskompetenz fällt allerdings nicht vom Himmel – es braucht viel Übung und Selbstreflexion dafür. Denn Moderation setzt die Fähigkeit voraus, loszulassen und den Weg zur Lösung nicht verbissen steuern zu wollen. Machtworte helfen nicht weiter, wo Menschen zueinander finden sollen. Ich kann Mitarbeitende nur bitten, sich für einen kommunikativen Prozess zu öffnen. Und ich kann mit gutem Beispiel vorangehen, indem ich das lebe, was ich unter guter Kommunikation verstehe. Wenn ich ständig Drohungen ausspreche oder mir nicht in die Karten schauen lasse, brauche ich mich nicht zu wundern, wenn meine Mitarbeitenden ebenfalls dichtmachen.

Führung ist Beziehungsarbeit. Menschliche Beziehungen lassen sich sehr unterschiedlich gestalten, und es gibt verschiedene Gründe, warum Menschen mir als Führungskraft folgen. Auch in der heutigen Zeit kann ich noch autoritär auftreten und Mitarbeitende meine Macht spüren lassen. Die Folge wird aber sein, dass erwachsene Menschen in innere Kind-Zustände gehen und entweder mit Überanpassung oder Rebellion reagieren. Ich werde dann nie selbstverantwortliche, engagierte Mitarbeitende haben und immer wieder eingreifen müssen. Auch das Gegenteil, also alles laufen zu lassen im Sinne eines Laisser-faire-Führungsstils, kann ich mir nur erlauben, wenn ich zuvor mit den Mitarbeitenden erfolgreich durch einen Storming- und Norming-

Prozess gegangen bin. Und dann auch nur bis zur unvermeidlichen nächsten Storming-Phase. Ich kann auch noch versuchen, mich auf das rein Fachliche zurückzuziehen, damit ich mich mit emotionalen Themen nicht zu beschäftigen brauche. Bloß werde ich dann keinen Konflikt in der Tiefe lösen. Im Kern geht es immer um die Beziehungsebene. Wirklich kraftvoll führe ich erst dann, wenn ich mich Menschen auch emotional zuwende, ihnen zuhöre und dabei helfe, Lösungen zu finden. Ohne Partei für Einzelne zu ergreifen oder mich zu verstricken.

So unterschiedlich Menschen von der Persönlichkeitsstruktur her sind, so sehr gleichen sie sich auf der anderen Seite im Hinblick auf ihre Bedürfnisse. Nach dem Neurobiologen Gerald Hüther haben Menschen generell nur zwei Grundbedürfnisse: Verbundenheit und Wachstum. Hüther verdeutlicht das am Bild des Baums: Je tiefer und fester seine Wurzeln mit der Erde verbunden sind, desto weiter können seine Äste und Zweige in den Himmel wachsen. Als Führungskraft kann ich bei Menschen die Wurzeln stärken, indem ich ihnen Rückendeckung gebe, ihnen mit Respekt und Wertschätzung begegne und ihnen Vertrauen schenke. Das alles vermittelt Sicherheit. Danach kann ich ihr Wachstum fördern, indem ich ihnen zum Beispiel keinen bestimmten Weg vorgebe, sondern ihnen Freiräume gewähre und sie ausprobieren lasse. Gibt es eine Erfolgsgarantie? Nein. Ich werde sogar hin und wieder einmal sagen müssen: »Wir machen das jetzt so und so.« Nicht weil ich Macht haben will, sondern weil ich realistisch bin und man nicht immer alles ausdiskutieren kann. Ich mache mich in dem Moment gewissermaßen schuldig. Solange ich dafür die volle Verantwortung übernehme – auch falls es schiefgeht –, ist das in Ordnung. Sogar schlechte Stimmung wird es immer mal wieder geben, und die darf eine Führungskraft dann einfach aushalten. Das alles ist in einem neuen, kraftvollen Verständnis von Führung aber nicht mehr die Regel, sondern die Ausnahme. Als Brückenbauer und Moderator, der Verbundenheit stärkt und Entwicklung fördert, werde ich gegenüber den Mitarbeitenden in jeder schwierigen Situation offen und direkt kommunizieren. Ich bleibe stets souverän und gelassen und lasse die Lösungen sich finden.

Übung: Das Geschenk

Wertschätzung gibt uns Menschen Sicherheit und schenkt uns Motivation. Häufig kommt sie allerdings im stressigen Alltag zu kurz. Erst recht, wenn Mitarbeitende uns emotional herausfordern, uns anstrengen oder von uns kritisch bewertet werden. Umso wichtiger ist es auch in diesen Situationen, Klarheit darüber zu gewinnen, was diese Menschen trotz allem auszeichnet und wir an ihnen schätzen sollten. Nehmen Sie sich deshalb regelmäßig Zeit und fragen Sie sich, vor allem auch bei für Sie schwierigen Mitarbeitenden:

1. **Was schätze ich an diesem Menschen?**

2. **Warum ist sie oder er wichtig für das Team oder das Unternehmen?**

3. **Welche verborgenen Fähigkeiten besitzt dieser Mensch, und wie kann er sie in Zukunft mehr einbringen?**

4. **Welchen positiven Nutzen könnten derzeitige Konflikte für unsere Weiterentwicklung haben?**

5. **Wie kann ich mein Gegenüber als Persönlichkeit ehrlich wertschätzen und gleichzeitig klar benennen, welches Verhalten ich mir in Zukunft von ihm mehr wünsche? Wie können wir gemeinsam über Lösungen ins Gespräch kommen?**

Sollten Sie bei den ersten drei Fragen zunächst keine Antworten finden, lassen Sie sich davon bitte nicht entmutigen. Das ist in der Regel nur ein Zeichen dafür, dass negative Erfahrungen und emotionale Konflikte mittlerweile alle positiven Eigenschaften Ihres Gegenübers überdeckt haben. Nur die wenigsten Menschen sind im tiefsten Inneren böse. Da dürfen Sie von sich auf andere schließen. Nehmen Sie es als besondere Aufgabe an, Ihre Mitarbeitenden gezielt positiv zu beobachten. Geben Sie nicht auf, bis sie wieder Stärken bei Ihrem Gegenüber entdecken, und kommunizieren Sie diese regelmäßig, auch in Kritikgesprächen. Nur so erhöhen wir die Chance, dass sich unsere Mitarbeitenden für Veränderungen öffnen und an gemeinsamen Lösungen arbeiten.

KAMPFPLATZ VORGESETZTE: AHNUNGSLOS IN DER STAUBFREIEN ZONE

Die eigenen Chefs und Chefinnen sind ein Riesenthema für Führungskräfte! Druck von unten wie von oben ist in den meisten Managementpositionen alltäglich. Solange der Laden läuft, ist das auch kein großes Problem. Sobald jedoch Schwierigkeiten auftauchen und die Unterstützung seitens des eigenen Chefs, der eigenen Chefin ausbleibt, öffnet sich das Eingangstor zu einem Kampfplatz. Vereinfachungen helfen jetzt nicht weiter, Gespräche dagegen sehr.

In der Sandwichposition hat es nur warm, wer gerade gegrillt wird – so ließe sich das Dilemma der mittleren Führungsebene ironisch beschreiben. Dass das mittlere Management Druck von zwei Seiten bekommt und dieser Druck unangenehm werden kann, ist keine neue Erkenntnis. Da sind einerseits die Erwartungen der Mitarbeitenden: Sie wünschen sich einen Chef, eine Chefin, der oder die sie bei ihrer Arbeit unterstützt und im Idealfall auch ihre Weiterentwicklung fördert. Außerdem erhoffen sie sich oft, dass der Chef oder die Chefin innerhalb der Hierarchie auf ihrer Seite steht und ihre Interessen vertritt. Der unmittelbare Vorgesetzte soll als Anwalt oder Anwältin gegenüber »denen da oben« fungieren. Andererseits sehen sich die »Sandwichmanager« den Erwartungen des eigenen Chefs oder der Chefin ausgesetzt: Diese müssen strategische Ziele umsetzen und fordern von ihnen deshalb Produktivität ein – sie repräsentieren also das System. Daraus können sich für mich als Mittelmanager oder -managerin schnell Drucksituationen ergeben. Oder ich mache umgekehrt die Erfahrung, mit dem eigenen Gestaltungsanspruch an Grenzen zu stoßen. So weit, so bekannt.

Die vielfältigen Erwartungen an Führungskräfte in einer Sandwichposition müssen nun nicht unbedingt zu täglichem Streit führen. Im Gegenteil, häufig ist über Wochen und Monate hinweg alles ruhig und friedlich. Insbesondere dann, wenn ein Unternehmen erfolgreich ist, wird die Leine gerne lang gelassen. Die Frage, inwieweit ich im Konfliktfall auf meinen eigenen Chef oder meine Chefin zählen kann, kommt dann gar nicht erst auf. Das Tückische ist, dass sich dies sehr schnell ändern kann. Solche Situationen beobachte ich immer wieder und habe sie selbst auch schon erlebt. Weil die Weltmärkte gerade unruhig sind, steckt das Unternehmen in einer Krise. Oder es läuft in meinem Bereich aus unerfindlichen Gründen nicht mehr rund. Als Führungskraft wünsche ich mir jetzt die volle Unterstützung meines Chefs oder meiner Chefin, doch die bleibt dummerweise aus. Stattdessen zieht mein Chef mir gegenüber die Leine auf einmal ganz kurz und stramm an. Er verhält sich so autoritär, wie ich es bisher nicht von ihm gewohnt war, ja, es ihm vielleicht noch nicht einmal zugetraut hätte. Woran so etwas liegen kann, dazu später mehr. In diesem Szenario wird das Verhältnis zum eigenen Chef oder zur eigenen Chefin über Nacht zum Kampfplatz. In anderen Fällen schwelt ein Konflikt möglicherweise auch schon länger und es sind dann die berühmten »Trigger« – manchmal ganz banale Auslöser –, die schließlich zum handfesten Konflikt führen.

Wenn ich mittlere Führungskräfte im Coaching nach ihrer Beziehung zum Chef oder zur Chefin frage, dann höre ich oft: »Wir haben ein sehr gutes Verhältnis.« Das klingt zunächst einmal erfreulich. Aber sobald wir gemeinsam näher hinschauen, zeigen sich schnell Konfliktpotenziale. Stichwort Verpflichtung: Ein typischer Fall ist doch, dass die Person, die mich in meine aktuelle Führungsposition gebracht hat, jetzt mein Chef oder meine Chefin ist. Natürlich sagt er oder sie mir nicht ins Gesicht, welche Gegenleistung er oder sie für meine Beförderung erwartet. Die Angelegenheit ist subtiler. »Ich will meine Chefin auf keinen Fall enttäuschen«, gesteht mir da zum Beispiel eine junge Führungskraft. »Sie hat ja an mich geglaubt und mir diese Chance gegeben. Dem will ich jetzt auch gerecht werden.« So entsteht ein enormer Druck – den man sich weitgehend selbst macht. In einigen Fällen ist der Chef oder die Chefin vielleicht sogar das bewunderte Vorbild. Solchen Vorbildern wollen wir mit unserem Verhalten oft gefallen. Wir merken nicht, wie wir dadurch in eine kindliche Rolle rutschen. In erwachsenen Beziehungen geht es um Wertschätzung, nicht ums Gefallen.

Mit Dankbarkeit ist das auch so eine Sache. Erfolgstrainer und -trainerinnen betonen häufig, wie wichtig Dankbarkeit sei. Manche behaupten, es sei die wichtigste Zutat überhaupt für den Erfolg. Es ist aber ein Unterschied, ob ich dem Leben, Gott oder dem Universum von Herzen dankbar bin für alles Gute, das mir widerfährt – oder ob ich mich einer bestimmten Person oder Gruppe gegenüber zu Dankbarkeit verpflichtet fühle. Solche Gefühle der Verpflichtung machen unfrei und werden irgendwann zur Last. Statt eine positive Beziehung zum eigenen Chef, zur eigenen Chefin zu pflegen – sprich: vor allem gut mit ihm oder ihr zu kommunizieren –, wollen einige mit ihrem Chef oder ihrer Chefin in Konfliktsituationen so wenig wie möglich zu tun haben. Besonders für charismatische Führungskräfte kann es zum persönlichen Problem werden, gegenüber dem eigenen Chef, der eigenen Chefin »nur« einfacher Mitarbeiter zu sein. Sie holen sich dann bei Konflikten mit ihren Mitarbeitenden nur zögernd bei ihm oder ihr Hilfe. Sie melden sich auch nicht, wenn sie überfordert sind. Sie glauben, alles im Griff zu haben, und lassen sich von niemandem mehr spiegeln. Umgekehrt können erfolgreiche, eher dominante Führungskräfte oder Gründerpersönlichkeiten auch Druck auf Mitarbeitende ausüben, ohne sich dessen bewusst zu sein. Das musste ich selbst bei gleich zwei Gelegenheiten schmerzhaft lernen.

Wenn wir glauben, Erwartungen nicht erfüllen zu können

»Tut mir leid, Micha, ich kündige, ich komme mit dir nicht klar«, eröffnete mir ein Mitarbeiter mit Führungsverantwortung aus heiterem Himmel. Im ersten Moment verstand ich die Welt nicht mehr. Ich glaubte, mit diesem Mitarbeiter ein ausgezeichnetes, ja geradezu freundschaftliches Verhältnis zu haben. Dass ich eigentlich sein Chef war, spielte dabei keine Rolle. War irgendetwas vorgefallen, das ich nicht auf dem Schirm hatte? Hatte ich ihn enttäuscht oder verletzt und es nicht gemerkt? Ich fragte nach. »Nein, da ist nichts«, beteuerte mein Gegenüber. »Unser persönliches Verhältnis könnte nicht besser sein.« Was war es dann? Hatte er zu wenig Freiraum und konnte sich nicht ausreichend entfalten? Ich traute meinen Mitarbeitern immer viel zu und ließ ihnen jegliche Freiheit, zu gestalten und sich zu entfalten – dachte ich jedenfalls. War es noch nicht genug Freiheit? »Das ist es ja gerade«, erklärte mir der Mitarbeiter. »Ich bin begeistert davon, welche Freiräume ich hier habe und wie viel du mir zutraust. Aber ich werde dem niemals gerecht werden können. Das, was du von mir erwartest, kriege ich nicht hin.« Ich war sprachlos. Nie hätte ich gedacht, dass mein Führungsstil einen solchen Druck erzeugen könnte oder dass ein freundschaftliches Verhältnis über Hierarchieebenen hinweg solche Schattenseiten haben könnte. Ich beschloss, diese Episode als eher kuriose Erfahrung in meiner Führungskarriere abzuhaken. Doch schon kurze Zeit später kam eine Mitarbeiterin zu mir und legte mir ihre Kündigung auf den Tisch. Ihre Begründung glich der des Mitarbeiters, der zuvor gekündigt hatte, bis aufs Haar. »Du traust mir viel zu, aber ich traue mir nicht so viel zu«, sagte sie. Ich spürte, dass sie sich von einer großen Last befreien wollte. Es gelang mir nicht mehr, sie umzustimmen.

Diese beiden Kündigungen haben mich nachdenklich gemacht und bis heute sensibilisiert. Wenn Menschen über Hierarchieebenen hinweg sehr gute, ja freundschaftliche Verhältnisse pflegen, dann kann tatsächlich alles in bester Ordnung sein. Es kann aber genauso gut sein, dass das nur die Oberfläche ist, unter der es gärt. Bei den beiden Mitarbeitenden, die mir ihre Kündigung überreicht hatten, beschäftigte mich im Nachgang noch lange, warum sie nicht den Mut aufgebracht hatten, vorher wenigstens einmal anzudeuten, dass sie sich überfordert fühlten. Gleichzeitig fragte ich mich, wie es sein konnte, dass ich nichts gemerkt hatte. Ich war überzeugt, als Führender bestmögliche Bedingungen für alle Mitarbeitenden zu schaffen. In Wirklichkeit schreckte mein Führungsstil einige offensichtlich ab.

Heute verstehe ich die Zusammenhänge besser. Deshalb kann ich besonders auch jenen Führungskräften helfen, die im Kontext von New Work in ähnliche Fallen zu geraten drohen. Im Grunde bin ich ein großer Freund von New Work. Gleichzeitig beobachte ich hier manchmal eine naive Begeisterung, die zu Enttäuschungen führen kann. »Arbeiten mit Freunden« ist ja erst einmal ein schönes Motto. Wer hätte am Arbeitsplatz nicht gerne einen netten und freundlichen Umgang? Je mehr menschliche Nähe in einer Gruppe entsteht, desto mehr entfaltet das Beziehungsgeflecht aber auch seine eigene Dynamik. Diese Ebene bleibt in Diskussionen über New Work oft außen vor. Aber wie erwachsen sind die Menschen innerlich überhaupt, die sich in ein System von New Work begeben? Und wie anfällig sind sie umgekehrt für kindliche Verhaltensweisen wie Anpassung, Trotz und Gefallenwollen? Wenn es dermaßen »freundschaftlich« zugeht, dass Meinungsverschiedenheiten und Probleme nicht mehr offen angesprochen werden, weil das die Freundschaft belasten könnte, dann kann die Situation ganz schnell kippen.

Ich habe noch das Glück gehabt, dass meine überforderten Mitarbeitenden nicht gegen mich in den Kampf gezogen sind. Sie haben das System freiwillig verlassen – und mich wenigstens über ihre Gründe aufgeklärt. Mit ihren eigenen Mitarbeitenden hatten sie übrigens keine Probleme, sondern nur mit mir als ihrem Chef. Letztlich hätte vielleicht ein kleiner Auslöser genügt, um einen offenen Konflikt entstehen zu lassen, und ich hätte die wahren Hintergründe für den Kampf gar nicht gesehen, nämlich den inneren Druck, den Menschen sich hier im Verhältnis zu ihrem Vorgesetzen selbst machten. Besonders im Mittelstand gibt es manchmal Unternehmerpersönlichkeiten, zu denen der gesamte Führungskreis bewundernd aufschaut. Wenn dann ein Satz fällt wie »Wir sind hier wie eine große Familie«, würde ich manchmal gerne fragen: »Tagt auch regelmäßig der Familienrat? Kommen schwierige Themen offen auf den Tisch, wie in einer guten Familie? Wird über die Beziehungsebene gesprochen? Oder bleibt alles Zwischenmenschliche im Ungefähren?«

Bevor ich auf Fragen wie diese näher eingehe, möchte ich erst noch eine zweite Perspektive auf den »Kampfplatz Vorgesetzte« ins Spiel bringen. Bisher ging es in diesem Kapitel hauptsächlich um inneren, selbstgemachten Druck in unserem Verhältnis zu Menschen, von denen wir abhängig sind, zu denen wir aufschauen oder denen gegenüber wir uns verpflichtet fühlen. Daneben gibt es noch einen anderen, weniger subtilen Weg in den Kampf mit dem Chef oder der Chefin. Dieser hat mehr mit äußerem als innerem Druck zu tun.

Eben noch bester Freund, jetzt autoritärer Antreiber

Als Führungskraft vom Chef oder der Chefin das notwendige Maß an Unterstützung zu erwarten, es aber nicht zu bekommen – das ist heute ein weit verbreitetes Problem. Ich will lediglich, dass mein Chef seinen Job macht und zum Beispiel Entscheidungen trifft oder Budgets freigibt. Aber er ist für mich nie erreichbar, sodass alles ewig liegenbleibt. Wenn ich ihn doch mal erwische, ist er ungeduldig und gibt mir gut gemeinte, aber oberflächliche Ratschläge. Ich merke, dass er meine E-Mails nicht gelesen und sich mit meinem Thema nicht beschäftigt hat. Das zumindest ist meine Perspektive. Ich bin frustriert. Eine Führungskraft aus dem Vertrieb eines Lebensmittelherstellers sprach einmal von seinen Chefs als denen in der »staubfreien Zone«. Damit wollte er ausdrücken, dass er und seine Kollegen die Drecksarbeit machen, während das obere Management abgehoben in einer edlen Umgebung rumlümmelt und sich um nichts kümmert. Wenn jemand so redet, dann hat sich bereits ein tiefer Graben aufgetan. Dabei soll das mittlere Management doch eigentlich die Brücke bauen zwischen dem strategischen Management und der Mitarbeiterschaft! Das leisten zu können, setzt ein gutes Verhältnis in beide Richtungen voraus.

Aber wie geht es den Chefs der Chefs wirklich? Wie sieht deren Perspektive aus? Viele höhere Manager und Managerinnen stehen unter Dauerdruck und sind permanent gestresst. Es ist nicht so, dass sie keine Personalgespräche führen möchten. Sie haben schlicht und ergreifend keine Zeit dafür. Sie schaffen es oft nicht einmal mehr, sich auf jedes Gespräch, das dann doch stattfindet, ausreichend vorzubereiten. Dann wird gezwungenermaßen improvisiert oder einfach gefragt: »Was kann ich für Sie tun? Erzählen Sie doch mal!« So entsteht der fatale, aber letztlich falsche Eindruck von Ahnungslosigkeit. Wie bereits erwähnt, ist alles halb so schlimm, solange der Laden läuft. Kommt es zur Krise des Unternehmens oder zu unvorhergesehenen Konflikten in einzelnen Bereichen, kann sich die Lage schnell zuspitzen. Ein gestresster Manager oder eine gestresste Managerin reagiert jetzt vielleicht auf der zwischenmenschlichen Ebene gereizt. Oder er oder sie flüchtet in Mikromanagement und »regiert durch«. Beides nicht aus Überzeugung, sondern aus Überforderung. Genau das eröffnet aber den Kampfplatz. Mitarbeitende, die sich schon seit Längerem über unzureichende Unterstützung beklagen, fühlen sich jetzt im Stich gelassen.

»Mein Chef will sich nur den Stress vom Hals halten und sich nicht mal anhören, womit ich mich herumquäle«, sagt eine mittlere

Führungskraft. Ich kann ihren Frust sehr gut verstehen. Gleichzeitig vermute ich, dass ihr Chef es gerade einfach nicht schafft, noch mehr Probleme zu bewältigen. Besonders groß ist die Enttäuschung, wenn eigentlich sehr umgängliche, kooperative Vorgesetzte unter Druck plötzlich die autoritäre Keule hervorholen. Das ist beileibe kein Einzelfall und betrifft interessanterweise oft jüngere Führende. Es ist nach meiner Erfahrung ein Mythos, dass die jüngere Generation stets locker unterwegs ist und auf Augenhöhe führt, während die Älteren einen stärker autoritären Stil pflegen. Bei Jüngeren beobachte ich vielmehr häufig, dass sie sich in guten Zeiten als Chefs oder Gründerinnen wie beste Freunde geben und dann unter Druck plötzlich ungeduldig, kurz angebunden und autoritär auftreten. Solche überraschenden Kehrtwenden stressen die Mitarbeitenden extrem und eröffnen auch in jungen Teams oder Start-ups den Kampfplatz. Da ist es fast besser, ich habe einen Chef oder eine Chefin, der oder die in jeder Situation kühl, distanziert und autoritär auftritt. Das ist wenigstens verlässlich und ich weiß, worauf ich mich einstellen kann.

Wenn keine oder zu wenig Unterstützung vom oberen Management kommt und stattdessen einfach Druck von oben nach unten weitergegeben wird, fallen die Reaktionen darauf unterschiedlich aus. Druck und mangelnde Wertschätzung vonseiten des Chefs oder der Chefin führen bei einigen dazu, dass sie sich jetzt noch mehr anstrengen. Im Extremfall glauben sie vielleicht sogar, an der Situation selbst »schuld« zu sein, weil sie die Erwartungen nicht erfüllt haben. In einer solchen Situation verbindet sich der äußere Druck mit dem weiter oben beschriebenen Druck von innen. Das ist dann ein eher stiller Kampf, bei dem Menschen auf lange Sicht ausbrennen oder schließlich das System verlassen. Andere reagieren auf plötzlichen Druck von oben aggressiv und rebellisch und lassen es auf den offenen Machtkampf ankommen. Besonders charismatische Führungskräfte, die in ihrem Bereich der Star sind, ertragen es nur schwer, plötzlich von oben eingenordet zu werden. Das kann zu destruktivem Verhalten führen, indem sie sich etwa Verbündete suchen, Gerüchte verbreiten und so weiter. So oder so muss der Kampfplatz befriedet werden, um wieder eine gesunde und produktive Organisation zu haben. Wo lässt sich da ansetzen?

Die aufgerissenen Gräben wieder zuschütten

Um den Kampf mit dem eigenen Chef oder der Chefin zu beenden, gibt es nach meiner Erfahrung vor allem zwei Schlüssel: erstens den Perspektivwechsel und zweitens die offene, selbstbewusste Kommunikation. Mit Perspektivwechsel meine ich den Blick auf die andere Seite: Wie geht es meinem Chef oder meiner Chefin wirklich? Gerade wenn der Druck steigt, ist es wichtig, innerlich Abstand zu gewinnen, empathisch zu sein und auch die Situation des Chefs oder der Chefin zu verstehen. Das ist manchmal nicht so leicht, besonders wenn es schon eine Vorgeschichte gibt und ich mich zum Beispiel immer mal wieder mit Mitarbeitenden gegen den Chef, die Chefin solidarisiert habe. »Ihr wisst ja, wie die da oben sind«, lauten dann entsprechende Sprüche. Oder: »Ich würde euch ja gerne helfen, aber das bekomme ich beim Chef niemals durch.« Hier habe ich vielleicht selbst Gräben aufgerissen, für den kurzfristigen Vorteil der Beziehungspflege zu meinen Mitarbeitenden. Diese Gräben darf ich jetzt zuschütten. Sich über einen Gegner oder eine Gegnerin zu solidarisieren, ist zwar menschlich – die halbe Fußball-Fanszene lebt davon –, aber innerhalb einer Organisation, die gemeinsame Ziele verfolgt, gefährlich und destruktiv. Hinzu kommt, dass ich unbewusst in eine Opferrolle gehe, wenn ich mich mit Mitarbeitenden gegen das obere Management solidarisiere. Ich mache mich klein und büße somit an Souveränität ein. Meine Aufgabe als mittlere Führungskraft ist es ja gerade, mich in beiden Welten geschickt zu bewegen.

Deshalb sollte ich mich auch ehrlich fragen, wie verzerrt meine Wahrnehmung eventuell bereits ist. Den Chef, der gar keine Ahnung hat, gibt es genauso wenig wie die Mitarbeiterin, die nie macht, was sie soll. Will ich Menschen wirklich so klischeehaft sehen? Oder kann ich einsehen, dass das oft Projektionen sind, die wahrscheinlich mehr mit meinem aufgestauten Frust zu tun haben als mit der anderen Person? Manchmal ist es ja okay, Frust abzulassen und auch mal einen Spruch rauszuhauen. Kein Mensch kann immer nur gerecht sein. Manchmal machen wir es uns auch alle gerne leicht. Die Frage ist nur, ob ich da wieder rauskomme, bevor die Beziehung zum Chef oder zur Chefin leidet, weil ich schon gar nichts Gutes mehr von ihm oder ihr erwarte. Empathie in sämtliche Richtungen bedeutet, erst einmal davon auszugehen, dass alle stets ihr Bestmögliches tun. Da können wir gern von uns auf andere schließen. Wenn mich mein Chef enttäuscht und ich mich im Stich gelassen fühle, dann hatte ich entweder zu hohe Erwartungen an ihn oder er hat gute Gründe, im Moment so zu handeln, wie er handelt. Ich muss diese Gründe nicht unbedingt verstehen und erst recht nicht der Meinung sein, dass ich an seiner Stelle genauso handeln würde. Es genügt, ihm sein Verhalten zuzugestehen. Es reicht, Verständnis aufzubringen und nicht zu glauben, dass mir jemand Böses will, bloß weil es gerade nicht so läuft, wie ich mir das vorstelle. Was der beste Weg ist, mehr Verständnis füreinander zu entwickeln, wissen wir eigentlich alle: sich häufiger Zeit nehmen und mehr miteinander sprechen – und auch offener und weniger zurückhaltend.

Ein paar mögliche Gründe habe ich bereits genannt, warum wir das offene Gespräch mit dem eigenen Chef oder der Chefin vielleicht eher vermeiden: Möglicherweise ist diese Person seit Langem unser bewundertes Vorbild und wir wollen ihr lieber gefallen, als uns ehrlich mit ihr auseinanderzusetzen. Oder wir identifizieren uns so sehr mit der eigenen Vorgesetztenrolle, dass wir ungern daran erinnert werden, noch jemanden über uns zu haben. Es kann auch sein, dass wir es als Zeichen von Schwäche empfinden, Dinge mit dem Chef oder der Chefin besprechen zu müssen. Weil wir glauben, wir müssten alles im Griff haben. Manchmal sind auch Ängste vor dem Karriereknick oder gar dem Jobverlust im Spiel. Wir wollen nicht zu den Störenfrieden und Problemfällen gehören, die man irgendwann gerne loswerden will. Lieber wollen wir einer der beim Topmanagement beliebten Leistungsträger sein, die nie Stress machen, immer beste Ergebnisse abliefern und deshalb bei jeder Beförderungsrunde ganz oben auf der Liste stehen. Was auch immer der offenen Kommunikation mit dem eigenen Chef oder der Chefin im Weg steht: Es lohnt sich, über die Gründe zu reflektieren und, falls nötig, über seinen Schatten zu springen. Nur durch aktive und gute Kommunikation kann ich ein wirklich gutes Verhältnis zu meinem Chef, meiner Chefin haben – eines, das nicht bloß an der Oberfläche funktioniert, sondern auch durch

Konflikte trägt und sich durch gegenseitige Wertschätzung und Unterstützung auszeichnet.

Als Führende fällt es uns in aller Regel leichter, gegenüber unseren Mitarbeitenden selbstbewusst und souverän aufzutreten als gegenüber dem eigenen Chef oder der Chefin. Hierarchien haben immer noch einen festen Platz in unseren Köpfen, selbst wenn wir darüber heute nicht mehr so oft sprechen. Natürlich sind wir unterschiedlich autoritär erzogen und kulturell geprägt und deshalb in unserem Verhalten nicht alle gleich. Trotzdem erlebe ich im Coaching bei Führungskräften jedes Alters eine gewisse Zurückhaltung, wenn es darum geht, offen, direkt und angstfrei auf den eigenen Chef oder die Chefin zuzugehen. Vielen fällt es schwer, zum Beispiel um Unterstützung zu bitten oder eine innovative Idee vorzutragen. Es mangelt da häufig an Klarheit und an gesundem Selbstbewusstsein. Daran lässt sich arbeiten. Allerdings nicht – um das Missverständnis gleich auszuräumen – mittels gängiger Selbstbewusstseins- oder Schlagfertigkeitstrainings. Solche beliebten Kurse leben von einem unbewussten Wunsch nach Unverwundbarkeit. Hinter dem steckt wiederum nichts anderes als Angst. Manchmal ist es fast schon amüsant zu sehen, wie Menschen nach Schlagfertigkeitstrainings vor allem gekonnt Porzellan zerschlagen. Gute Kommunikation gelingt nicht, indem ich rhetorisch aufrüste, sondern indem ich abrüste. Dafür muss ich mich verletzbar zeigen und mutig ansprechen, was ich erwarte und wo ich Unterstützung brauche. Umgekehrt brauche ich aber auch Feingefühl gegenüber dem Chef oder der Chefin. Ich darf also nicht mit der Tür ins Haus fallen, sondern muss auf den Moment warten, bis er oder sie wirklich Zeit für mich hat. Das alles ist ein Lernprozess.

Selbstbewusst und mit Feingefühl in den Dialog

Nehmen wir einmal an, ich habe den klassischen Verbesserungsvorschlag, und nicht nur irgendeinen, sondern einen richtig guten, einen regelrechten Geistesblitz. Wenn das Unternehmen meine Idee umsetzt, könnte es locker 100 000 Euro pro Jahr einsparen, wahrscheinlich noch mehr. Aufgeregt wie ein kleines Kind renne ich zu meinem Chef. Ich störe ihn in seinem Büro bei irgendwas, das er gerade am Computer macht. Aber egal, meine Idee ist ja Gold wert! Keine zwei Minuten später stehe ich wieder auf dem Flur. »Kann ich mir noch nicht vorstellen, dass das funktioniert«, war die kühle Reaktion des Chefs. »Außerdem ist es nicht deine Aufgabe, dir darüber Gedanken zu machen.« Treffer, versenkt. Ich bin frustriert über meinen verständnislosen Chef und behalte meine Ideen demnächst lieber für mich. Dass ich mit der Tür ins Haus gefallen bin, merke ich gar nicht. Auch nicht, dass ich mich kein bisschen dafür interessiert habe, was den Chef im Moment beschäftigt, wie viel Stress er hat und ob er gerade aufgeschlossen sein kann für meine Idee. Habe ich ihn als Menschen überhaupt gesehen? Oder war ich rein auf der Sachebene, ganz in meine Idee verliebt? Besser wäre es jedenfalls gewesen, mich zu fragen, was mein Chef jetzt von mir braucht und wann vielleicht ein guter Zeitpunkt wäre, über neue Ideen zu sprechen.

Von einem Verbesserungsvorschlag oder einer Idee für ein innovatives Projekt hängt vielleicht noch relativ wenig ab. Anders sieht die Sache aus, wenn ich ganz dringend Unterstützung brauche. Ich habe jetzt selbst Druck. Mein Chef hat aber möglicherweise auch Druck. So entsteht schnell eine negative Dynamik. Das erste Ziel sollte jetzt sein, überhaupt in einen positiven Zustand für ein Gespräch zu kommen. Einen für beide Seiten positiven Zustand natürlich. Ich sollte auch jetzt nicht erwarten, dass ich einfach im ersten Anlauf bekomme, was ich mir wünsche. Stattdessen sollte ich bereit sein, erst einmal meinen Teil dazu beizutragen, eine tragfähige Basis für offene und wertschätzende Kommunikation zu schaffen. Obwohl bei mir vielleicht die Hütte brennt, kann es sein, dass ich mir im ersten Versuch wieder eine Abfuhr hole und mein Chef sagt: »Löse das Problem irgendwie. Ich habe gerade dieses und jenes auf dem Tisch, und das ist dringend und wichtig. Für anderes habe ich jetzt keine Zeit.« Ich kann dann wie ein von seinen Eltern enttäuschtes Kind beleidigt aus dem Raum gehen. Oder ich kann selbstbewusst erwidern: »Okay, ich verstehe, dass es im Moment nicht geht. Trotzdem müssen wir über mein Thema sprechen, denn allein kann ich das nicht lösen. Ich brauche deine Unterstützung. Wie finden wir einen Weg?«

Es ist sehr, sehr unwahrscheinlich, dass der Chef mich jetzt ein zweites Mal abblitzen lässt. Wenn jemand ganz direkt sagt: »Bitte hilf mir, ich brauche deine Unterstützung, und zwar jetzt«, dann ist das entwaffnend. Von sehr seltenen Psychopathen abgesehen, sind Menschen von Natur aus hilfsbereit und helfen auch tatsächlich, wenn man sie nachdrücklich darum bittet. Das lässt sich im Alltag immer wieder beobachten und gilt auch in Unternehmenshierarchien. Das Problem ist hier eher, dass viele sich nicht trauen, sich gegenüber Chefs und Chefinnen eindeutig zu positionieren und die nötige Unterstützung freundlich, aber bestimmt einzufordern. Die häufigsten Gründe für diese Gehemmtheit habe ich weiter oben bereits beschrieben. Wer es schafft, hier einerseits empathisch gegenüber dem Chef oder der Chefin zu sein und andererseits klar zu äußern, was er braucht und erwartet, kann das Verhältnis zu seinem oder seiner Vorgesetzten enorm verbessern.

Eine Voraussetzung dafür: Die Kommunikation ist ehrlich und wirkt nicht wie ein rhetorischer Trick. Am besten gehe ich ohne vorher zurechtgelegte Sätze einfach offen in ein Gespräch und vertraue darauf, dass ich schon die richtigen Worte finden werde. Hier gilt gegenüber dem eigenen Chef oder der Chefin dasselbe wie gegenüber »schwierigen« Mitarbeitenden. Das heißt, ich versuche Verständnis für die Positionen meines Gegenübers zu entwickeln und dieses Verständnis zu kommunizieren. Im nächsten Schritt können wir dann gemeinsam nach Lösungen suchen. Außerdem sind Geduld und Fingerspitzengefühl nötig. Menschen spielen sich in ihrer Kommunikation aufeinander ein. Wer meint, er könne einen Schalter umlegen und mit einer Person ab morgen völlig anders umgehen als bisher, wird eher Verwirrung stiften, als seine Ziele zu erreichen. So banal das klingt: Der Erfolg kommt in kleinen Schritten. Wer übertriebenen Respekt oder sogar eine gewisse Angst vor seinem Chef oder seiner Chefin hat, wird sich vielleicht ohnehin nur kleine Schritte trauen. Auch hier ist wieder innere Unabhängigkeit ein wesentlicher Schlüssel, besonders wenn Ängste und Hemmungen im Spiel sind. Was kann mir im schlimmsten Fall passieren? Mit etwas Abstand betrachtet zeigt sich meistens, dass mir wenig bis nichts passieren kann. Vorausgesetzt, meine Kommunikation ist wertschätzend und frei von Vorwürfen.

Das ist noch einmal ein ganz wichtiger Punkt. Unter Druck und Stress wird oft viel zu emotional diskutiert. Sobald ich Vorwürfe und Schuldzuweisungen bewusst außen vor lasse, entsteht ganz automatisch ein positives Gesprächsklima.

Hierarchien weder verteufeln noch übertrieben ernst nehmen

Aber was ist, wenn ich wirklich Grund habe, mich über meinen Chef oder meine Chefin zu ärgern? Natürlich machen Menschen nicht allein deshalb alles richtig, weil sie innerhalb einer Hierarchie aufgestiegen sind. Sogar in autoritären Zeiten wussten eigentlich alle, das auch Führungskräfte nicht immer nur clever sind und genauso Fehler machen wie alle anderen. Es war bloß tabu, darüber offen zu sprechen. Heute wissen wir, dass kein Mensch perfekt ist, und dürfen das in einer Demokratie auch sagen. Gleichzeitig wissen wir oder könnten zumindest wissen, dass es völlig ohne Hierarchien nicht geht. Sie haben eine Funktion für das System. Das lässt sich ganz nüchtern betrachten. Es braucht keine Auswirkung auf mein Selbstbewusstsein zu haben, dass es Menschen im System gibt, die in der Hierarchie über mir angesiedelt sind. Sie haben ihre jeweils eigenen Aufgaben und Herausforderungen. Trotzdem wird in vielen Unternehmen gern ein verzerrtes Bild von Personen in höheren Managementpositionen gezeichnet. Sie werden entweder bewundert und idealisiert oder – was der häufigere Fall sein dürfte – abschätzig so hingestellt, als seien sie »auch nicht besser« als der Rest, vielleicht sogar dümmer, ignoranter. »Viel Getue, nichts dahinter«, lautet ein beliebter Vorwurf. Unsympathisch und wenig kompetent. »Typisch Chef eben.«

Wir alle kennen solche Zerrbilder. Dass Menschen andere Menschen abwerten, um sich selbst aufzuwerten, ist ein bekanntes Muster. Dahinter stecken immer Ängste und ein Mangel an echtem, erwachsenem Selbstbewusstsein. Ich sehe aber noch einen anderen

Grund für die verbreiteten Zerrbilder von Vorgesetzten in Organisationen: Chefinnen und Chefs bekommen zu wenig Feedback. Mehr noch, es findet generell zu wenig Kommunikation statt. So tun sich Gräben auf. Wir alle kennen das auch aus anderen Situationen. Wenn wir mit Menschen nur wenig zu tun haben und uns kaum mit ihnen austauschen, stellen wir gerne Vermutungen über sie an. Wir spekulieren, was es wohl für Menschen sind und wie ihre Motive aussehen. Und wenn es keine Gelegenheit gibt, unsere Spekulationen zu überprüfen, dann halten wir sie schnell für die Wahrheit. Das gilt genauso für Vorgesetzte in Organisationen. Manche von ihnen wären überrascht, was Mitarbeitende alles von ihnen denken. Spekulationen enden, sobald Menschen in einen regelmäßigen und offenen Austausch gehen.

Beziehungsarbeit über Hierarchieebenen hinweg ist also der Schlüssel, um Gräben zuzuschütten und Kampfplätze zu befrieden. Nicht zuletzt auch, um Kampfplätze zu verhindern, wo im Verhältnis zu den Vorgesetzten im Moment noch alles friedlich erscheint. Wir brauchen mehr Mut, aufeinander zuzugehen und uns zu öffnen. Das klingt so banal, ist aber das Kernproblem, wie die Praxis immer wieder zeigt. Hierarchien haben ihren Sinn, sollten aber nicht den Blick auf den Menschen verstellen. Wenn es im Tagesgeschäft so hoch hergeht, dass wertschätzende Kommunikation nicht immer möglich ist, dann gilt es eben andere Anlässe zu finden, um im Gespräch zu bleiben und damit Vertrauen und Verständnis aufzubauen.

Einmal habe ich mit einer Berufsfeuerwehr gearbeitet und daraus spannende Erkenntnisse mitgenommen: Die Feuerwehrleute haben im Einsatz normalerweise keine Zeit, viel auf der zwischenmenschlichen Ebene zu kommunizieren. Da geht es eher hierarchisch zu, der Einsatzleiter gibt das Kommando, und im Stress kann der Ton auch schon mal etwas rauer werden. Dafür leisten die Feuerwehrleute sehr viel Beziehungsarbeit außerhalb der Einsätze. Es gibt viele gemeinsame Aktivitäten, man kocht auf der Wache miteinander, geht als Gruppe gemeinsam zu Fortbildungen und so weiter. Auch wird sehr viel Wert darauf gelegt, schwierige Einsätze nachzubereiten und über belastende Gefühle und innere Bilder zu sprechen. Unter dem Strich habe ich bei der Feuerwehr trotz der hierarchischen Organisation einen starken

Zusammenhalt und eine sehr offene Kommunikation gegenüber den Chefs und Chefinnen erlebt.

Das Gegenteil beobachtete ich bei einem jungen Unternehmen, das stolz auf seine flachen Hierarchien war und deshalb die festen Arbeitsplätze abgeschafft hatte. In einem großen Loftbüro sollten sich alle jeden Morgen ihren Schreibtisch neu suchen. Das führte dann zu Szenen wie in einem Urlaubshotel am Pool: Einige kamen immer früher ins Büro, um ihren Lieblingsplatz schon einmal zu reservieren. Das ärgerte eine Führungskraft so sehr, dass sie sagte: »Hier ist ab sofort mein Schreibtisch.« Damit war der Streit endgültig da. In einer solchen Situation greifen wir oft auf unsere Prägungen zurück. Wer mit Konkurrenzdenken groß geworden ist, der legt es jetzt auch an den Tag. Und wer meint, dass einem Chef und einer Chefin bestimmte Privilegien zustehen, der fordert sie auch gegen Abmachungen ein. Wenn ich tatsächlich flachere Hierarchien will, muss ich mich öffnen für die anderen Menschen im Unternehmen. Es gibt kein Patentrezept dafür, wie Menschen innerhalb von Hierarchien gut miteinander umgehen. Aber es hilft schon einmal, die Hierarchie weder zu verteufeln noch sie übertrieben ernst zu nehmen. Dann kann ich mit meinem Team sogar den Elefanten im Raum zum Thema machen: Was bedeuten uns überhaupt Hierarchien? Welche Erwartungen haben wir an Führung? Wie viel Sicherheit brauchen wir, und wie viel Experiment trauen wir uns? So kommt ein Prozess in Gang, der die Beziehungen aller mit allen schrittweise verbessert.

Übung: Oben wie unten

Wie bereits im Umgang mit Ihren Mitarbeitenden ist die wahre Herausforderung in der Kommunikation mit Ihrer eigenen Führungskraft der Perspektivwechsel. Erschwerend kommt noch hinzu, dass Sie in dieser Gesprächsform hierarchisch der »Untergebene« sind. Sie sollten also auch hier mit viel Verständnis für Ihr Gegenüber mutig Position beziehen, ohne dabei in den Kampf zu ziehen. Die folgenden Fragen können Ihnen bei der Gesprächsvorbereitung helfen:

1. **Was schätze ich an meiner Führungskraft, und was wünsche ich mir mehr?**

2. **Wann habe ich das letzte Mal mit meiner Führungskraft darüber gesprochen?**

3. **Was beschäftigt/bewegt gerade meine Führungskraft? Kann ich sie oder ihn verstehen?**

4. **Welche Vorschläge kann ich für ein zeitnahes gemeinsames Gespräch machen?**

5. **Wie kann ich innerhalb des Gesprächs meine Führungskraft wertschätzen, Verständnis zeigen und gleichzeitig klar benennen, was ich mir in Zukunft mehr wünsche?**

Lassen Sie sich trotz Zeitmangel nicht auf das nächste Jahresgespräch vertrösten. Zeigen Sie Verständnis und bitten Sie trotz allem um einen zeitnahen Gesprächstermin. Überwinden Sie auch im Gespräch Ihre möglichen Sorgen, dass Ihre Bedürfnisse abgelehnt werden könnten. Auch wenn Ihre Führungskraft sich zunächst eventuell mit Widerstand selbst schützen will, so haben Sie in diesem Gespräch die Möglichkeit, Ihre Wünsche aufzuzeigen und gemeinsam nach Lösungen zu suchen. Nutzen Sie diese Chance immer wieder!

KAMPFPLATZ SOUVERÄNITÄT: NIEMALS DAS GESICHT VERLIEREN

In einer Führungsrolle souverän sein und gelassen bleiben, das möchten wir alle. Souveränität lässt sich aber auch übertreiben: Über den Dingen stehen, sich unangreifbar machen, auf jede Frage eine Antwort wissen – ist das noch souverän? Oder ist das doch eher ein Kampf, den wir nur verlieren können? Wahre Souveränität basiert auf Unabhängigkeit und einem guten Umgang mit sich selbst.

Als Führungskräfte sollen wir eine Menge können und sein. Ein Vorbild zum Beispiel. Das antworten Menschen oft, wenn ich sie frage, was in ihrer Führungsrolle wichtig ist. Wir sollen vorleben, was wir von anderen erwarten. Gleichzeitig darf ich in meiner Vorbildrolle nicht zu abgehoben sein. Denn ich soll Mitarbeitenden auch auf Augenhöhe begegnen, ihnen gegenüber empathisch sein, ihre Bedürfnisse erkennen und ein offenes Ohr für sie haben, wenn sie etwas bedrückt. Ziele vermitteln soll ich meinen Mitarbeiterinnen und Mitarbeitern aber auch noch und sie motivieren, diese Ziele zu erreichen. Dabei soll ich offen bleiben. Offenheit ist ganz wichtig! Sonst bin ich am Ende eingefahren und nicht mehr innovativ. Wenn ich allerdings zu innovativ bin, nützt mir das auch nicht viel, denn ich muss parallel dafür sorgen, dass der Laden läuft. Es soll niemand glauben, er könnte einfach machen, was er will! Sonst muss ich klare Kante zeigen. Aber nicht zu sehr, denn dann bin ich nicht mehr empathisch … Am Ende ist es eine verdammt lange Liste, die da zusammenkommt. Lauter Ansprüche, denen ich gerecht werden soll. Fehlt noch etwas? Natürlich: Souveränität. In schwierigen Situationen ist es das Allerwichtigste, souverän zu sein. Bloß nicht das Gesicht verlieren!

»Ich möchte souveräner werden und mehr Gelassenheit ausstrahlen« – diesen Satz höre ich als Coach für Führungskräfte ungefähr so oft, wie ein Fitnesstrainer hört: »Ich möchte mein Bauchfett loswerden und Muskulatur aufbauen.« Der Wunsch, unter allen Umständen Ruhe zu bewahren und sie auch auszustrahlen, ist absolut verständlich. Wir wollen uns in unserem Job ja nicht aufreiben. Wir wollen vielmehr anderen Sicherheit vermitteln, denn das gehört zur Führungsaufgabe. Wer sich coachen lässt, um souveräner aufzutreten, erhofft sich dazu aber meistens bestimmte Techniken. Und da wird es bereits schwierig. Für mehr Souveränität gibt es kein Work-out, keine Trainingsgeräte und keine fruchtigen Shakes. Ein Coaching in Körpersprache oder das heute für Führungskräfte fast schon obligatorische Rhetorikseminar liefern zwar wertvolle Impulse, nutzen aber am meisten denjenigen, die bereits souverän und gelassen sind. Niemand, der es nicht ist, wird allein durch Techniken souverän. Im Gegenteil: Es besteht die Gefahr, dass die Arbeit am eigenen souveränen Auftreten nur weiter in einen Kampf führt. Einen Kampf, der immer dann beginnt, wenn wir nach außen etwas demonstrieren wollen, das wir im Inneren nicht wirklich sind. Sehen wir uns dieses Dilemma einmal näher an, um den größeren Zusammenhang zu erkennen.

Souveränität beweisen will ich in schwierigen Situationen. Wenn alles rund läuft, muss ich nicht unbedingt souverän sein. Um ein gutes Personalgespräch zu führen, brauche ich eher Empathie. Und um Menschen zu motivieren, hilft mir vielleicht Charisma. Sobald es aber Widerstände von Mitarbeitenden gibt, sobald etwas nicht wie geplant funktioniert oder wenn sogar plötzlich eine Krise da ist – wie reagiere ich dann? Als Führungskraft natürlich möglichst souverän und gelassen. So kommt Ruhe in die Situation, andere finden durch mich Halt und es öffnet sich ein Raum für Lösungen.

Das Adjektiv »souverän« geht auf die lateinischen und französischen Wörter für »oben« zurück. Und darin spiegelt sich noch ein weiterer Grund, warum wir in schwierigen Situationen souverän bleiben möchten: Es geht darum, »die Oberhand zu behalten«, sich »nicht unterkriegen zu lassen«, vielleicht »über den Dingen zu stehen«. Das sind alles Ausdrücke, die mit »oben« und »unten« zu tun haben. Das Gegenteil von Souveränität ist dann Erniedrigung, Blamage, Lächerlichkeit, Gesichtsverlust oder anders gesagt: Beschämung. Beschämung ist ein sehr, sehr unangenehmer emotionaler Zustand, den wir fast alle während der Kindheit erstmals erfahren. Wir wollen diesen Zustand unbedingt vermeiden. Das Risiko, sein Gesicht zu verlieren und beschämt zu werden, macht Angst. So entsteht schließlich der innere Druck, nach außen stets souverän wirken zu müssen.

Was aber, wenn die Liste der Ansprüche an uns selbst in unserer Führungsrolle ohnehin schon ellenlang ist? Was ich in vielen Gesprächen darüber höre, wie eine Führungskraft zu sein hat, lässt auf das Streben nach Perfektion schließen. Ich kann den hohen Anspruch gut verstehen – ich kenne ihn nur zu gut von mir selbst. Auch ich wollte alles richtig machen, sämtlichen Anforderungen gerecht werden, dabei souverän sein.

Auch unter Druck. Gerade unter Druck. Aber wenn ich stets alles Mögliche sein und können will und der Druck im Kessel immer weiter steigt, dann ist irgendwann Schluss. Dann sind meine Ressourcen erschöpft. Und dann ist es egal, was ich über Körpersprache weiß oder in einem Rhetorikseminar gelernt habe. Ich kann mit einer schwierigen Situation im Augenblick nicht gut umgehen. Ich schaffe es zum Beispiel nicht, auf den Fehler eines Mitarbeitenden sachlich und angemessen zu reagieren. Es ist mir gerade zu viel, aber ich will es mir auch nicht eingestehen. Ich erlebe mich selbst als wenig souverän – und das macht mich dann nur noch mehr fertig. Wie gerne würde ich Gelassenheit demonstrieren, aber ich schaffe es einfach nicht. Ich bin auf einem Kampfplatz.

Warum es so schwierig ist, gelassen zu sein

Kognitiv haben wir die Dinge heute längst neu sortiert und sind ganz progressiv unterwegs: New Work und menschenorientiertes Führungsverständnis? Ja, bitte. Offene Fehlerkultur? Selbstverständlich. Lernkurven? Gestehen wir uns zu. Welcher Mensch kommt schon perfekt auf die Welt? In unseren Köpfen scheint das alles klar zu sein. Aber wie sieht es in der Praxis aus? Im Alltag? Unter Stress? Nach meiner Beobachtung sehr oft anders. Wenn wenig Zeit ist, alles nicht so läuft wie gedacht und der Druck hoch genug ist, gehen wir ganz schnell wieder in unseren alten Schuhen. Dann haben wir wenig Verständnis für die Fehler anderer – Fehlerkultur hin oder her – und wenig Gespür für unsere eigenen Grenzen. Wir sind unerbittlich gegenüber anderen und gegenüber uns selbst. Beides bedingt einander, es ist wie ein Kreislauf. Wir sind alles andere als gelassen. Aber wir wollen dann trotzdem Gelassenheit ausstrahlen, nach außen souverän wirken! Das ist das Problem. Die Versuchung ist groß, sich souverän zu geben, ohne souverän zu sein. Meine Mitarbeiter und Mitarbeiterinnen funktionieren, und ich bin der Fels in der Brandung! Bloß spüren alle, dass ich kein Fels bin, sondern selbst schwimme. Deshalb führe ich in dieser Situation auch nicht. Ich kann es mir höchstens einreden.

Aber warum werden wir nicht einfach wirklich gelassener? Weil das sehr schwierig ist. Niemand entscheidet sich bewusst für Perfektionismus oder dafür, zu wenig Verständnis für sich selbst zu haben. Zunächst einmal werden wir alle von klein auf mit Bildern und Geschichten überflutet, die uns das Leben so zeigen, wie es angeblich sein soll. Filme, Werbespots, Romane, Videoclips, TV-Shows, Sportberichte – das alles ist voller Bilder von Menschen, die scheinbar perfekt sind. Natürlich werden in den Medien oft auch Konflikte dargestellt, aber das Happyend im Hollywood-Film und die Bilder von reichen Menschen mit glücklichen Familien beeindrucken uns mehr. Sie werden zu Zielbildern für Partnerwahl, Karriere und Lebensplanung. In Unternehmen kommen wir dann später erst recht in eine Welt, die von Perfektionsansprüchen durchdrungen ist. Da ist einmal das materielle und ökonomische Streben nach Optimierung: geringe Fertigungstoleranzen, Prozessoptimierung, Kostensenkung, Gewinnsteigerung und so weiter. Hinzu kommen heute durch die Entwicklung zu einer stärker menschenorientierten Arbeitsweise zahlreiche neue Ansprüche: Personalentwicklung, emotionale Einbindung, Sinnstiftung, Konfliktmediation und manches mehr. Immer mehr Ansprüche, denen wir aufgrund unserer eigenen Prägungen und Entscheidungen sowie aufgrund des Drucks von außen gerecht werden sollen.

Eine Führungskraft soll heute fachlich gut sein und die materielle und ökonomische Optimierung beherrschen. Gleichzeitig soll sie optimal mit Menschen umgehen, eloquent sein und möglichst mehrsprachig. In guten Zeiten soll sie motivierend sein, bei Konflikten moderierend, ansonsten selbstbewusst, sich gut verkaufend, aber auch nicht arrogant, sondern bitte bescheiden und den Menschen dienend. Wir merken gar nicht, wie viele Zielkonflikte sich hier bereits eingeschlichen haben! Je länger die Liste, desto paradoxer und widersprüchlicher wird sie. Wie viele Menschen gibt es denn überhaupt noch, die das alles gleichzeitig können? Wir sitzen im blinden Fleck: Uns fällt die Paradoxie von Führung gar nicht auf. Das kann bei der einzelnen Führungskraft wiederum unterschiedliche Gründe haben: Da gab es vielleicht in der eigenen Führungsbiografie ein leuchtendes Vorbild, eine charismatische Führungspersönlichkeit, die nach außen immer souverän und gelassen wirkte und in meinen Augen stets alles richtig gemacht hat. Oder es gab im Gegenteil ein abschreckendes Beispiel, jemanden, der mir demonstriert hat, wie Führung meiner Meinung nach auf keinen Fall aussehen sollte. Deshalb setze ich jetzt alles daran, es anders und besser zu machen als diese Person. Beide Varianten erzeugen einen subtilen Druck.

Ein weiterer Faktor sind gesellschaftliche Tendenzen: Selbstoptimierung, Fitness, Ernährung, Sinnsuche, Vermögensplanung – überall geht es um hohe Ziele und scheinbar perfekte Lösungen. Selbst in der Erziehung: Beim »Projekt Kind« darf heute nichts dem Zufall überlassen bleiben. Dieser gesellschaftliche Wandel ist längst in den Unternehmen angekommen. New Work – so sehr ich diesen Ansatz schätze – erhöht noch zusätzlich den Druck, alles richtig zu machen. Als Führungskraft in einem solchen Umfeld bin ich ständig auf dem Präsentierteller und bekomme laufend Feedbacks von Mitarbeitenden, ob das, was ich gerade gesagt oder getan habe, auch menschlich okay war. Kein Wunder, dass »souverän auftreten« heute für viele Menschen in Führungsrollen der Wunsch Nummer eins ist. Allen Anforderungen gerecht werden und dabei auch noch stets eine gute Figur machen – das wär's doch! So verständlich dieser Wunsch ist, so wenig realistisch ist er. Ich sage den Menschen, mit denen ich arbeite, ganz klar: Erst mal dürft ihr aus eurem Perfektionismus rauskommen, sonst wird das nichts mit dem souveränen Auftritt.

Durch innere Freiheit zu wirklicher Gelassenheit

Unabhängigkeit ist die Basis echter Souveränität. Wer sich einen Panzer zulegt, Mauern um sich baut oder sich über andere stellt, der wird auf Dauer höchstens distanziert wirken, aber nicht souverän und gelassen. Sich besser durchsetzen lernen, Schlagfertigkeit üben, andere rhetorisch entwaffnen – alles das beendet den Kampf nicht. Und der Kampf ist nicht zu gewinnen! Ich kann aufrüsten, so viel ich will, irgendwann komme ich doch an Grenzen. Dann bricht meine Fassade aus gespielter Souveränität zusammen, und mein Perfektionsanspruch ist nur noch ein Trümmerhaufen. Dann tritt genau das ein, wovor ich die ganze Zeit die meiste Angst hatte: Ich stehe wie ein Idiot da. Besser ist es, sich frei zu machen von Perfektionismus, von dem Wunsch, es allen recht zu machen, und dem Bedürfnis, über den Dingen zu stehen. Besser ist es, ein Mensch sein, der nichts zu verbergen hat und mit anderen gemeinsam durch schwierige Situationen geht. Das ist wirklich souverän! Unverletzbarkeit ist nicht souverän, sondern unrealistisch und unmenschlich. Letztlich ist es eine zutiefst kindliche Strategie, sich ausklinken zu wollen, sobald es schwierig wird. Das Kind hält sich einfach die Hände vor die Augen, wenn es ihm zu viel wird. Oder es versteckt sich. Oder es verweigert sich allem, was dann auch eine Machtdemonstration gegenüber den Eltern ist. Erwachsene nehmen Situationen an, wie sie sind. Sie akzeptieren ihre Grenzen und nehmen auch ihre Angst wahr. Sie bleiben bei sich.

Ohne Empathie sind Souveränität und Gelassenheit nicht zu haben. Gelassenheit bedeutet, Verständnis für andere zu haben, gleichzeitig innerlich stabil zu sein und sich bei Bedarf positionieren zu können. Wenn ich alles abwehre, was von anderen kommt, bin ich im kindlichen Modus. Ich bin erwachsen, sobald ich auch in schwierigen Situationen offen auf andere zugehen kann. Die Menschen spüren dann, dass ich vielleicht auch noch keine Lösung habe, aber die Herausforderung der Situation annehme und bereit bin, mich auf einen Prozess einzulassen. Das setzt, wie gesagt, innere Unabhängigkeit voraus. Eine weitere Bedeutungsebene des Worts »souverän« besagt sogar genau das: Ein »souveräner Staat« ist ein unabhängiger Staat. Eine treffende Analogie. Was also bedeutet mir Unabhängigkeit? Wann bin ich unabhängig? Die Paradoxie von Führung zu durchschauen und zu erkennen, dass es schlicht unmöglich ist, sämtlichen Ansprüchen jederzeit gerecht zu werden, kann ein erster Schritt sein. Dann akzeptiere ich meine Grenzen und verwechsele souverän sein nicht länger mit perfekt sein. Ich darf Fehler machen und bleibe trotzdem souverän – weil mir das Dilemma von Führung bewusst ist.

Souverän bin ich, wenn ich weiß, dass ich Macht über mich habe und jederzeit zu einem gewissen Grad frei bin. Wenigstens die innere Freiheit kann mir als Erwachsener niemals jemand nehmen. Das meine ich mit Unabhängigkeit als Voraussetzung für Souveränität und Gelassenheit. Wir sind heute oft so sehr Getriebene und so sehr verstrickt in die lange Liste der Ansprüche an uns in einer Führungsrolle, dass wir uns an unsere Freiheit und unsere Macht über uns selbst erst wieder erinnern müssen. Ich frage Führungskräfte im Coaching manchmal: »Wie alt sind Sie?« Damit meine ich nicht 37 oder 49, sondern ich will darauf hinaus, ob jemand sich bewusst ist, erwachsen zu sein und was das für diese Person heißt. Biologisch sind wir auf jeden Fall erwachsen: Wir können uns selbst ernähren, uns fortpflanzen, uns gegen Angriffe verteidigen und so weiter. Aber was macht Erwachsensein für mich persönlich aus – im Vergleich zu meiner Kindheit und Jugend? Bin ich mir meiner Freiheit bewusst? Nutze ich sie? Ich kann weitgehend frei entscheiden, was ich aus meinem Leben machen will. Bin ich mit meinen bisherigen Entscheidungen zufrieden? Falls ja, ist es wesentlich wahrscheinlicher, dass ich souverän und gelassen bin. Falls nein, sollte ich die Dinge für mich klären.

Gelassenheit bedeutet, Dinge auch *lassen* zu können. Dann sage ich vielleicht zu einem Mitarbeiter, einem Kollegen oder der eigenen Chefin: »Ich kann verstehen, dass du das jetzt von mir erwartest, und gleichzeitig werde ich es dir leider nicht bieten können. Wir können gemeinsam nach einem anderen Weg suchen.« Wenn ich das ohne Angst vor Konsequenzen sagen kann, agiere ich souverän. Alle dürfen wissen, wo meine Grenzen liegen. Sie spüren gleichzeitig, dass es mich überhaupt nicht erschreckt, Grenzen zu haben. Ich gestehe mir zu, nicht perfekt zu sein, weil ich gut mit mir selbst umgehe. Ich gestehe das gleichzeitig auch anderen zu und bin ihnen gegenüber empathisch. Aus einer mutigen und souveränen Haltung heraus wächst auch mein Verständnis für andere. Wenn mein Umfeld mich stresst, dann weiß ich, dass es nicht aus Böswilligkeit geschieht. Vielleicht weiß ich sogar, dass ich mir den größten Stress selbst mache, solange ich Ansprüche an mich habe, denen ich nicht gerecht werden kann. Jetzt merke ich vielleicht zum ersten Mal, dass ich überhaupt in einem Kampf bin. Der Kampf gegen den möglichen Gesichtsverlust ist ein stiller Kampf, der manchmal gar nicht richtig wahrgenommen wird. Trotzdem kann es ein gnadenloser Kampf sein, bei dem ich sehr viel Energie verliere und mich selbst verbiege. Trainings für mehr Selbstbewusstsein, bei denen ich lediglich lerne, Stopp zu sagen und andere in die Schranken zu weisen, beenden den Kampf nicht. Sie verlängern ihn häufig nur. Wie steige ich wirklich aus?

Übung: Frieden schließen

Das Leben ist nicht immer leicht und beschwingt. Erst recht nicht als Führungskraft. Wenn der Alltag Sie also mal wieder herausfordern will, schenken Sie sich ein paar Minuten des Abstands:

1. **Was regt mich auf? Was bringt mich gerade aus dem Gleichgewicht?**

2. **Ist diese Situation durch mich veränderbar oder Teil des »Führungsspiels«?**

3. **Womit sollte ich Frieden schließen?**

4. **Was kann ich selbst in die Hand nehmen?**

5. **Wen kann ich um Unterstützung bitten?**

Verwechseln Sie bitte hierbei nicht »Frieden schließen« mit Resignation. Resignation schafft negative Energie und führt Sie in eine Opferrolle. »Frieden schließen« bedeutet, die Situation emotional anzunehmen, wie sie ist, und keine Energie in Form von Ärger darüber zu verschwenden. Aus dieser Gelassenheit heraus können Sie dann in Ruhe überlegen, was Sie selbst an der Situation wie ändern können und wen Sie um Unterstützung bitten. Diese Gelassenheit braucht Übung. Sie ist aber entscheidend für Ihre emotionale Souveränität nach innen und außen.

Erkennen, dass überhaupt nichts Schlimmes passiert

Ich treffe immer wieder Menschen in Führungsrollen, die einen beeindruckenden Lernprozess durchmachen, an dessen Ende sie zu innerer Klarheit und Ruhe, zu Offenheit und Gelassenheit finden. Für viele ist es dabei ein Schlüsselerlebnis, dass ihnen viel weniger passieren kann, als sie vor Beginn dieses Veränderungsprozesses befürchtet hatten. Sie haben irgendwann begonnen, mutiger zu werden, sich weniger von ihren Ängsten leiten zu lassen, sich offener und verletzbarer zu geben. Das taten sie in ganz kleinen Schritten, in vereinzelten Situationen. Dabei haben sie nach und nach gemerkt, dass ihnen gar nichts passiert! Es gab keine Kündigung, keinen Dauerstreit und keinen Ansehensverlust. Da hat es bei vielen »Klick« gemacht. Diese Erfahrung war ein positiver Anker, der sie ermutigt hat, ihren Weg weiterzugehen. An einem bestimmten Punkt war der Kampf dann vorbei. Heute agieren sie nicht mehr aus der Hektik heraus. Sie begegnen Menschen auch nicht mehr aus einer Position, die jederzeit zum Angriff bereit ist. Sie sind vielmehr innerlich unabhängig und dadurch wirklich souverän. Sie besitzen eine natürliche Autorität, und Mitarbeitende lassen sich gern von ihnen führen. Dieser Entwicklungsweg steht nicht nur einigen wenigen offen, sondern uns allen.

Am Anfang kann ich mich zum Beispiel fragen: Welche Ängste hindern mich, offener zu sein und mich als der Mensch zu zeigen, der ich wirklich bin? Was könnte mir passieren, wenn ich nicht mehr so tue, als stünde ich über den Dingen? Welchen Feind will ich mit Schlagfertigkeit oder rhetorischen Techniken eigentlich bekämpfen? Natürlich haben wir alle manchmal Ängste, sei es vor zu wenig finanzieller Sicherheit für die Familie, dem Verlust von Status oder einer Beziehungskrise mit dem Partner oder der Partnerin. Oft machen wir diese Ängste in unseren Köpfen aber viel zu groß. Sobald wir einmal mit den Menschen in unserem Umfeld darüber sprechen, erkennen wir, dass wir von vielen Seiten Unterstützung genießen. Wir erinnern uns, dass wir in unserem Leben schon für große Probleme eine Lösung gefunden haben. Allerdings erst, nachdem sie aufgetaucht waren, und nicht vorher im eigenen Kopf. Selbst in Positionen weit oben in der Hierarchie eines Unternehmens haben viele eine unterschwellige Angst, gekündigt zu werden, sobald sie sich nicht mehr anpassen und versuchen, es allen recht zu machen. Ich habe jedoch in 20 Jahren Coaching noch keine Person erlebt, der man gekündigt hätte, weil sie ab einem bestimmten Punkt mutiger auftrat, offener kommunizierte und sich selbst klarer positionierte. Ich habe lediglich einige erlebt, die das System freiwillig verlassen haben, nachdem sie innerlich unabhängiger geworden waren. Das war ihre eigene, souveräne Entscheidung. Sehr viele habe ich auch erlebt, die geblieben sind und in einem System, in dem sie bisher massiven Druck erlebt hatten, lernten, gut für sich selbst zu sorgen.

Solche Veränderungen stellen sich nicht von heute auf morgen ein. Ich sehe das als eine Reise, aber als eine, die wir auch genießen können. Wenn ich die Erwartung habe, ein Webinar zu buchen, ein Training mitzumachen oder einen Bestseller zu lesen und danach ist alles geregelt, dann ist das wieder nur ein Ausdruck von Perfektionismus. Wenn ich perfektionistisch unterwegs bin, dann will ich alles sofort verstehen und sofort haben und für jedes Problem gleich eine Lösung wissen. Das Leben funktioniert so aber nicht. Ich kann nicht alles, was geschieht, beherrschen und steuern wollen, sondern muss bereit sein, mich auf die Dinge einzulassen. Manchmal dauert es eben lange, bis wir lernen, loszulassen und nicht mehr an allem festzuhalten, was wir unbedingt haben wollten. Der Prozess lässt sich jederzeit beginnen, aber bei vielen setzt er in der Lebensmitte ein.

Wenn es heißt, dass der durchschnittliche Käufer eines neuen Porsche 55 Jahre alt ist und mit 82-prozentiger Wahrscheinlichkeit männlich, schmunzeln viele: »Na klar, die Midlife-Crisis! Da kaufen Männer sich einen Porsche, und Frauen lassen sich scheiden.« So lautet das Klischee. Wir sollten die Midlife-Crisis positiver sehen, weniger als Zeit, in der eingefahrene Menschen plötzlich impulsiv handeln, und mehr als wichtige und wertvolle Phase der Neuorientierung im Leben. Um die 50 sind viele Menschen den Kampf leid, sie haben keine Lust mehr darauf und keine Kraft mehr dazu. Sie sehnen sich nach einem Neubeginn – und diese Sehnsucht ist eine große Chance!

Die nötige Lebenserfahrung ist jetzt da, um zu erkennen, auf welchen Kampfplätzen wir uns verstrickt haben und wie sinnlos der Kampf ist. Gleichzeitig ist es noch lange nicht zu spät für eine Kurskorrektur. Wir können uns noch einmal neu mit unseren Lebensträumen verbinden und uns fragen, was wir davon erreicht haben und wohin wir eventuell noch aufbrechen möchten, um die Erfahrung nicht zu verpassen. Das Einzige, was bei Menschen in der Midlife-Crisis wirklich manchmal lächerlich wirken kann, ist ein aufgesetztes jugendliches Verhalten, das nicht zum tatsächlichen Alter passt. Wenn ich wie ein Jugendlicher wirken will, ohne ein Jugendlicher zu sein, bin ich nicht souverän.

Verbindung mit dem inneren Kind statt Jugendwahn

»Madonna hat sich wieder einmal neu erfunden«, hieß es vor wenigen Jahren. Da war die Ikone des Pop gerade 60 Jahre alt geworden. Nicht alle sind Madonna, und trotzdem ist diese Meldung typisch für unsere Zeit. Wir sind verliebt in die Illusion, dass wir uns für immer unsere Jugendlichkeit bewahren, uns ständig neu erschaffen und immer wieder alles anders machen können. Manchmal könnte man den Eindruck haben, dass niemand mehr erwachsen sein will. Der Sozialwissenschaftler und Psychologe Wilfried Nelles spricht von einer »sich verjugendlichenden Gesellschaft«. Einerseits ist das ja auch schön. Ich persönlich genieße es sehr, mehr Freiheit zu haben und weniger gesellschaftlichen Konventionen entsprechen zu müssen als Fünfzigjährige früherer Generationen. Ein Stück weit ist es vielleicht auch unvermeidbar, dass eine Zeit großer Umbrüche und Veränderungen ein jugendliches Bewusstsein hervorbringt. Jugendlichkeit bedeutet im positiven Sinn, offen zu sein für viele mögliche Entwicklungen. Und müssen wir das angesichts der globalen Herausforderungen nicht alle, ob wir wollen oder nicht?

Andererseits hat das Ideal der ewigen Jugend auch seine Schattenseiten. Es hat etwas Unnatürliches und Künstliches, sich im mittleren

Alter wie ein Jugendlicher zu benehmen. Menschen finden mich dann vielleicht interessant – aber lassen sie sich auch gerne von mir führen? Kann ich ihnen Sicherheit vermitteln? Jugendlich sein heißt, im Kopf zu sein, noch weltfremd, unerfahren, wenig geerdet. Es heißt, sehr viel an sich zu denken und weniger an andere. Das sind alles keine Eigenschaften, die einen Menschen für eine Führungsrolle qualifizieren. Mit der Lebenserfahrung wächst die Empathie. Wir kommen vielleicht sogar zu der Einsicht, dass das meiste im Leben einfach geschieht und unser Einfluss auf die Welt viel geringer ist, als wir das in unserer Jugend glaubten. Dafür entdecken wir möglicherweise im mittleren Alter unsere Freiheit neu. Wir haben stets die Wahl, uns für oder gegen etwas zu entscheiden. Aus alldem folgen Gelassenheit und innere Stärke. Das ist die Basis für wahre Führungskraft.

Die Alternative zum Jugendkult besteht darin, endlich voll und ganz anzukommen in der Erwachsenenwelt und im erwachsenen Ich. In einem erwachsenen inneren Zustand bin ich souverän und frei. So frei, dass ich mich sogar bewusst dafür entscheiden kann, vorübergehend in einen kindlichen Zustand zu wechseln! Ich kann spielen, Spaß haben, lachen, kreativ sein, positiv verrückt sein – nach dem Psychologen Eric Berne und seinen Schülern sind das alles Eigenschaften unseres freien und glücklichen inneren Kindes. Sich als Erwachsener bewusst mit seinem inneren Kind zu verbinden, ist etwas ganz anderes, als zwanghaft jugendlich wirken zu wollen. Als Erwachsener weiß ich, dass alles seine Zeit und seinen Platz hat. Ich weiß, wann lustvolle Kreativität möglich ist und es viel zu lachen geben darf. Ich weiß aber auch, wann Menschen mein Verständnis brauchen und bei mir Halt suchen. Beim Brainstorming in einem Innovations-Workshop kann ich einfach mal meine verrückten Ideen sprudeln lassen und dabei jede Menge Spaß haben. Aber wenn ich mit einem Mitarbeiter darüber spreche, ob die Zusammenarbeit mit ihm noch eine Zukunft hat, haben kindliche Anteile keinen Platz.

Das bewusste Wechseln in verschiedene Anteile meiner Persönlichkeit aus dem erwachsenen Ich-Zustand heraus bedeutet Souveränität. Sobald ich dieses Wechselspiel beherrsche, bleibe ich auch in vielen Situationen gelassener. Ich muss keine Rolle mehr spielen, weder die des überlegenen Alphatiers noch die des ewigen Jungdynamikers noch sonst irgendeine. Ich bin einfach vertraut mit den unterschiedlichen Facetten meiner selbst und weiß, welches Repertoire mir im Zusammenspiel mit anderen Menschen zur Verfügung steht. Ich kann sogar in die Rebellion oder in die Anpassung gehen! Wenn ich das bewusst tue, es also kein unbewusstes Reaktionsmuster ist, tue ich es aus meinem erwachsenen Ich heraus. So kann ich auch für etwas kämpfen, das mir wichtig ist – ein Projekt, einen Kunden, ein Budget, eine Entscheidungsbefugnis. Ich bin dabei weder auf einem Kampfplatz noch in kindlichem Trotz, noch treibt mich jugendlicher Übermut an. Ich habe mich bewusst dafür entschieden – frei und souverän.

Auf dem Weg zu einer neuen Leichtigkeit

Und was ist mit der langen Liste der Ansprüche an mich als Führungskraft? Aus dem Erwachsenen-Ich heraus kann ich mich von Perfektionismus verabschieden. Perfektionismus ist Abhängigkeit. Erwachsensein ist Unabhängigkeit. Ich kann meinen Perfektionismus überwinden, sobald ich verstanden habe, worin er gründet. Wo kommt das her, dass ich immer alles richtig machen will? Warum möchte ich so vielen Ansprüchen genügen? Weshalb glaube ich, mir keine Blöße geben zu dürfen? Mit solchen Fragen beginnt ein innerer Friedensprozess. Teil dieses Prozesses ist es, die gute Absicht hinter dem zu verstehen, was mich innerlich in den Perfektionismus treibt.

Nach dem Modell der »Inneren Antreiber«, das ebenfalls auf Eric Berne und sein Umfeld zurückgeht, haben wir bestimmte Stimmen oder Energien in uns, die uns im Alltag Druck machen. Das betrifft nicht allein Führungskräfte, sondern alle Menschen. Die inneren Antreiber pushen uns, alles richtig zu machen, uns anzustrengen, stark zu sein, Tempo zu machen oder von anderen Menschen Aufmerksamkeit und Anerkennung zu bekommen. Wichtig ist, zu verstehen, dass es diese Stimmen, Energien oder inneren Instanzen im Grunde gut mit uns meinen. Sie wollen unsere Selbstwirksamkeit stärken und uns vor negativen Erfahrungen schützen. Es ist ja auch gut und richtig, sich zum Beispiel Mühe zu geben, anstatt zu schludern.

Bei vielen Menschen, insbesondere bei Führenden, ist es heute aber so, dass mindestens eine dieser Stimmen viel zu laut ist. Sie meint es nur gut mit uns, aber wir haben ihr zu viel Macht gegeben. Sie hat uns unter Kontrolle und macht uns unfrei. Sie ist wie ein Trainer im Mannschaftssport, der immer nur noch mehr Leistung einfordert und für den »Regeneration« oder »Belohnung« Fremdwörter sind. Dieser Trainer meint es zwar auch gut, aber er ist kein guter und schon gar kein effektiver Trainer. Seine Mannschaft wird weit hinter ihrem Potenzial zurückbleiben, weil die Balance fehlt. Jetzt könnte die Sportdirektorin hingehen und dem Trainer in einem offenen und wertschätzenden Gespräch nahelegen, seinen Trainingsansatz zu verbessern. Genauso können wir es mit unseren inneren Antreibern auch machen. Wir können wertschätzend mit ihnen reden – und das meine ich buchstäblich! In einem inneren Dialog können wir zum Beispiel sagen: »Ich weiß, wovor du mich schützen willst. Ich soll alles richtig machen, damit niemand mich angreifen kann. Das finde ich super. Gleichzeitig bitte ich dich, entspann dich jetzt bitte. Ich bin nicht in Gefahr. Ich rede mit den Menschen in meiner Firma, und wir finden gemeinsam eine gute Lösung.«

Solche inneren Dialoge können Teil eines Prozesses der Befriedung sein. Wichtig ist es, innen anzusetzen und nicht bloß außen. Das reduziert dann meine Trigger, und ich werde gelassener. Techniken wie Rhetorik, Körpersprachtraining oder Selbstverteidigung schaffen das allein nicht, weil sie zu kurz greifen. Sie sind keinesfalls sinnlos, sondern haben lediglich woanders ihren Platz. Nehmen wir als Beispiel Selbstverteidigung für Frauen. Da geht es um mögliche Angriffe und damit um Kampf. Wenn der Angriff da ist, nützt mir mein innerer Friede allein wenig, dann muss ich mich auch als Frau verteidigen. Aber um gelassen zu sein und keine Angst vor Angriffen zu haben, muss ich nach innen gehen, das ist der Unterschied. Ich muss in einen Prozess der Befriedung einsteigen, mich mit meinen schwierigen inneren Anteilen aussöhnen und anderen Menschen vergeben. Selbst Gewaltopfer finden erst inneren Frieden, sobald sie dem Täter vergeben haben. Ich darf mir allerdings auch klarmachen, dass ich in Business-Situationen so gut wie nie existenziell bedroht bin. Auch die Angst vor

Gesichtsverlust hat bei den meisten von uns viel zu viel Gewicht. Da kann ich in mich gehen und an mir arbeiten.

Die Beziehung zu mir selbst ist die Basis meiner Beziehungen zu anderen Menschen. Das heißt aber nicht, dass ich immer erst an mir arbeiten muss, bevor ich mich anderen offen und unverstellt zeigen darf. Das wäre wieder eine perfektionistische Sichtweise, bei der ich nie gut genug bin. Entwicklung findet im ständigen Wechselspiel zwischen mir und anderen Menschen statt, zwischen Alleinsein und Beziehung. Ein Verständnis von Souveränität, bei dem ich glaube, alles immer allein schaffen zu müssen, wäre unmenschlich. Die Beziehungsebene kann ich nie ausklammern. Das ist, als würde der Berg beschließen, keine Täler um sich haben zu wollen, sagte der spirituelle Lehrer Osho einmal. Ohne die Täler gäbe es den Berg nicht. Ohne den Spiegel anderer Menschen hätten wir überhaupt kein Ich-Bewusstsein, so wie wir ohne den Spiegel an der Wand gar nicht wüssten, wie wir aussehen.

Mich begeistert es jedes Mal aufs Neue, wenn ich erleben darf, wie Menschen es schaffen, ihre inneren Anteile zu integrieren. Damit meine ich auch ihre Antreiber und andere Facetten ihres Inneren, die sie bisher nicht gesehen oder an sich nicht besonders gemocht haben. Diese Menschen stehen schließlich auch zu ihrem Ego, statt zu glauben, sie müssten ihr Ego immer nur zurückstellen, um von anderen gemocht zu werden. Solche Menschen wirken auf mich souverän. Sie machen lieber Vorschläge, als bestimmen zu wollen, wo es langgeht. Sie wollen nicht immer alles planen, sondern vertrauen auch auf ihre Intuition. Sie sind offen für verschiedene Wege, und wenn sie einmal ihre Meinung ändern, empfinden sie es nicht als Gesichtsverlust. So kommt schließlich Leichtigkeit ins Spiel. Es gibt dann immer noch Spannungsfelder, denn diese gehören zum Leben. Es sind aber keine Kampfplätze mehr.

Übung: Fokus

Souveränität heißt Unabhängigkeit, Vertrauen in sich selbst und andere, ja vor allem in das Leben selbst zu entwickeln. Es bedeutet, innere Befürchtungen und Ängste zu erkennen, anzuerkennen und mit ihnen bewusster und gelassener umzugehen. Haben Sie daher Mut zu diesen Fragen:

1. **Wovor habe ich beruflich Angst?**

2. **Wofür könnte diese Angst hilfreich sein?**

3. **Wer oder was schenkt mir Sicherheit?**

4. **Wie alt bin ich, und welche Hürden in meinem Leben habe ich bereits gemeistert?**

5. **Bin ich in diesem Moment gerade sicher?**

Die ersten beiden Fragen sind sehr anspruchsvoll und benötigen Zeit, Übung und vor allem Mut. Nach einer gewissen Regelmäßigkeit werden Sie allerdings spüren, wie sich eine innere Gelassenheit und Leichtigkeit einstellt, die Sie in Ihrer Souveränität gerade in Herausforderungssituationen maßgeblich unterstützen.

KAMPFPLATZ WISSEN: FÜHREN DARF, WER ES BESSER WEISS

Ist es möglich, tiefgreifende Expertise auf einem Fachgebiet zu besitzen und gleichzeitig einer Führungsrolle gerecht zu werden? Kann das in einer Zeit rasanter Wissensvermehrung noch funktionieren? Diese Fragen stellen wir uns viel zu selten. Wir sind seit Jahrhunderten so geprägt, Wissen mit Macht gleichzusetzen. Wer es am besten weiß, soll führen. Am Ende läuft es auf eine Entscheidung hinaus.

Die Führungsposition ist der »Bonus« – in zahlreichen Unternehmen, die ich kenne, läuft das so. Da ist jemand lange dabei und besitzt nicht nur reichlich Fachkenntnis, sondern hat auch unternehmensspezifisches Wissen angehäuft. Er kennt sich mit Produkten und Prozessen bestens aus und ist in der Organisation und über sie hinaus gut vernetzt. Das Management merkt: Für diese Person müssen wir was tun, die darf uns auf keinen Fall weglaufen! Schon deshalb nicht, damit ihr wertvolles Wissen dem Unternehmen erhalten bleibt. Also wird ein attraktives Paket geschnürt: größeres Büro, schönerer Firmenwagen, mehr Gehalt und vor allem mehr Führungsverantwortung. Niemand fragt, ob ein Top-Experte oder eine Top-Expertin auch das Zeug zu einer Top-Führungskraft hat. Gerade das ist oft nicht der Fall, und dieses Dilemma wird in der Managementliteratur entsprechend schon seit Jahrzehnten diskutiert. Noch seltener fragt sich eine verdiente Fachkraft, ob sie für mehr Führungsverantwortung und mehr Geld überhaupt große Teile ihres Expertenwissens opfern möchte. Denn das wird sie über kurz oder lang müssen.

Eigentlich wissen die meisten von uns, dass Führungsverantwortung kein Bonus sein, sondern von denjenigen übernommen werden sollte, die tatsächlich Menschen führen können und wollen. Aber die allgegenwärtige Wissensorientierung vernebelt unseren Blick. Seit dem Beginn der Neuzeit und dem Aufstieg der modernen Wissenschaft ist Wissen untrennbar verknüpft mit ökonomischem Wachstum und sozialem Fortschritt. Es ist nahezu unmöglich, sich dem zu entziehen. Schon in der Kindheit geht es um die beste Bildung, die passende Schule, die größten Chancen. Während der Ausbildung oder an den Hochschulen setzt sich das dann fort. Dabei steht immer die Erwartung im Raum, über Bildung in höhere gesellschaftliche Positionen zu gelangen – und diese definieren wir oft ohne nachzudenken als Führungspositionen. An der französischen Verwaltungshochschule ENA erhalten die 15 besten Absolventen jedes Jahrgangs die Garantie auf eine lebenslange Führungsposition im Staatsrat, beim Rechnungshof oder in der Finanzinspektion. Mit den Diplomen werden die Posten in der Hierarchie gleich mitverteilt! So extrem war es im deutschsprachigen Raum zwar nie, aber auch wir schauen auf zu den Diplomierten, Promovierten und Habilitierten.

Die praktischen Auswirkungen der Wissensfixierung sehe ich in Unternehmen nahezu täglich. Ich kenne Angestellte, die sich nur von Menschen führen lassen wollen, die mehr wissen als sie. Natürlich entscheiden sie sich nicht bewusst dafür. Sie sind so geprägt, dass es auf Wissen am meisten ankommt – wie wir alle. Wissensorientiert sind also nicht allein diejenigen, die viel wissen, sondern auch jene, die eher wenig wissen: Sie erwarten das Wissen dann umso mehr von ihren Führungskräften. Natürlich hat sich längst herumgesprochen, dass neben Fachwissen auch Erfahrung notwendig ist, um beruflich erfolgreich zu sein. Wissen und Erfahrung haben sich in den letzten Jahren stärker vermischt. Aber ihr Verhältnis ist kompliziert und oft widersprüchlich. Hochschulabsolventen haben das Problem, für den einen Job als überqualifiziert zu gelten und für den anderen als zu wenig erfahren. Gleichzeitig kann man sich in der Produktion oft durch Erfahrung und Fleiß hocharbeiten und das fehlende Hochschuldiplom vergessen machen. Hinterfragt wird aber auch hier selten, ob das erworbene Erfahrungswissen jemanden tatsächlich für eine Führungsrolle qualifiziert.

In unserer zunehmend dynamischen Wissensgesellschaft tritt das Dilemma der Experten und Expertinnen in Führungsrollen immer deutlicher zutage: Vor allem in technologiegetriebenen Branchen – aber bei Weitem nicht nur dort – ist Fachwissen heute schnell von gestern. Es ist inzwischen fast schon ein Vollzeitjob, sein Wissen als Spezialist oder Spezialistin auf dem neuesten Stand zu halten. Doch in einer Führungsrolle liegt mein Fokus überhaupt nicht auf Wissen, sondern auf dem Umgang mit Menschen. Hierzu muss ich nicht nur neue Kompetenzen aufbauen, sondern mich auch im Alltag menschlich bewähren – und das möglicherweise in einer Umgebung, in der mich das Tagesgeschäft zerreibt, wenn ich nicht aufpasse. Wie soll ich da nebenbei noch Experte oder Expertin bleiben? Wie soll ich auf Dauer genauso viel wissen wie diejenigen Fachkollegen und -kolleginnen, die keinen Führungsjob machen? Die Antwort lautet immer öfter: Es ist schlicht unmöglich! Wenn ich trotzdem versuche, meinen Führungsanspruch aus Wissen herzuleiten, begebe ich mich in einen Kampf. Der Kampf ist kaum zu gewinnen. Es explodiert ja nicht allein das Wissen, sondern im Zuge eines sich wandelnden Führungsverständnisses steigen auch die Erwartungen an Menschenführung. In letzter Konsequenz bedeutet das: Ich kann entweder Experte sein oder Führungskraft – beides zusammen geht nicht.

Die Entscheidung ist unumgänglich: Experte oder Führungskraft?

Die Grundentscheidung, in einer Organisation entweder Spezialisten oder Führende zu sein, treffen wir immer noch zu selten. Oder wir treffen sie zumindest nicht konsequent genug. Wir glauben, das eine Selbstverständnis ließe sich mit dem anderen kombinieren. Aber das hat schon vor Jahrzehnten nirgendwo hundertprozentig funktioniert. Wer hatte während seiner Schulzeit schon einen Schulleiter, der gleichzeitig ein beliebter und engagierter Pädagoge gewesen wäre? Die Leitung einer Schule unterscheidet sich nicht grundsätzlich von der Leitung eines Finanzamts. Wer täglich mit Kindern und Jugendlichen arbeiten möchte, bleibt besser »nur« Lehrer oder Lehrerin.

Zurück zu den Unternehmen: Hier hat Fachwissen heute eine Dynamik, die mich in einer Führungsrolle schlicht überfordert. Bin ich zum ersten Mal Führungskraft, kommen Aufgaben auf mich zu, mit denen ich mich erst wenig auskenne. »Ich musste noch einmal bei null anfangen«, erzählt eine zur Führungskraft hochkomplimentierte Spezialistin in einem meiner Seminare. Für uns Führungskräfte steht das Handwerk der Menschenführung an erster Stelle; für die meisten Fachleute, die über ihr Wissen Karriere gemacht haben, ist das jedoch völliges Neuland. Hinzu kommen rechtliche Vorgaben und administrative Prozesse, mit denen wir uns als Fachkräfte nie beschäftigen mussten. Einfach, weil sich andere darum gekümmert haben. Wenn wir hier den hohen Erwartungen an eine Führungskraft gerecht werden wollen, müssen wir auf unseren Fachgebieten vielleicht schon erste Abstriche machen. Wir können nicht mehr jeden Fachartikel in Ruhe lesen und nicht mehr jeden Kongress besuchen, der für uns bisher Pflichtprogramm war. Unsere Führungsaufgaben lassen uns nicht genügend Zeit dazu.

»Ich hätte nie gedacht, dass ich fachlich so schnell den Anschluss verlieren würde«, gesteht mir eine Führungskraft im Einzelcoaching. Sie hat gerade einen Karrieresprung hinter sich und trägt jetzt Verantwortung für annähernd 50 Mitarbeitende. Diese Überraschung, wie schnell man abgehängt ist, erlebe ich bei Menschen in Führungsrollen immer wieder. Das gilt selbst für diejenigen, denen das Dilemma in der Theorie vorher klar gewesen ist. Sie haben damit gerechnet, sich ihrem Fachgebiet vielleicht etwas weniger widmen zu können. Aber nicht damit, dass sie fast gar nicht mehr dazu kommen würden, sich neues Fachwissen anzueignen. Und schon gar nicht damit, was das für sie persönlich bedeutet. Eine Führungskarriere heißt in der Regel, sich von Aufgaben zu verabschieden, die man jahre- oder gar jahrzehntelang gerne gemacht, wenn nicht sogar geliebt hat. Können wir mit diesem Verlust umgehen? Ich selbst konnte das in meiner Zeit als angestellte Führungskraft zunächst nur schwer. Wir wollen es oft nicht wahrhaben, wenn ein längerer und vielleicht auch schöner und erfüllender Abschnitt unserer beruflichen Karriere unwiederbringlich zu Ende ist. Wir wollten den nächsten Karriereschritt machen, aber der Preis dafür ist uns zu wenig bewusst.

Da ist es kein Wunder, wenn wir an dieser Stelle nicht richtig loslassen können. Das aber führt häufig geradewegs in den Kampf: Ich will den Fachkollegen beweisen, dass ich es immer noch draufhabe, obwohl ich in Wirklichkeit schon längst nicht mehr mithalten kann. Gleichzeitig erwarte ich in einer Führungsrolle von meinen Mitarbeitenden Respekt und Anerkennung – obwohl ich meine Rolle gar nicht richtig ausfülle, weil ich noch zu sehr im Fachlichen stecke. Im Extremfall beneide ich Mitarbeitende um das, was sie weiter tun »dürfen« und ich nicht.

Was sollen die Mitarbeitenden von mir denken? Sie können mich fachlich irgendwann nicht mehr ernst nehmen, weil ich mich mit veraltetem Wissen zu profilieren versuche. Sie können mich aber auch als Führungsperson nicht richtig ernst nehmen, weil ich diese Rolle nie von ganzem Herzen angenommen habe. Ich will immer noch derjenige sein, der es am besten weiß und am besten kann. Und nicht derjenige, der die Rahmenbedingungen dafür schafft, dass andere Wissensträger für das System produktiv sind. Am Ende bin ich wie eines dieser skurrilen »Amphicars« der 1960er-Jahre: zu sehr Boot, um ein gutes Auto zu sein – und zu sehr Auto, um ein gutes Boot zu sein. Die Hälfte aufzugeben, die mich jahrelang stark gemacht hat, ist allerdings auch ein schwieriger Prozess. Als Führungskräfte sollen wir Sicherheit geben, wollen aber selbst auch Sicherheit spüren. Es bedeutet eine riesige Umstellung, wenn mein Wissen mir diese Sicherheit nicht mehr geben kann. Aber in einer Führungsrolle ist eben viel mehr gefordert als mein Kopf.

Das erlebe ich oft besonders prägnant, wenn ich von Organisationen aus Wissenschaft und Forschung beauftragt werde, ihre Führungskräfte zu trainieren. In diesen stark wissensgetriebenen Strukturen ist es durchaus üblich, dass Führungspositionen den besten Wissenschaftlerinnen und Wissenschaftlern übertragen werden. Wenn ich mit diesen Führungskräften ins Gespräch komme, zeigt sich oft, dass sie frustriert sind. Sie sind im Zeitstress und eigentlich gar nicht motiviert, sich den klassischen Führungsthemen zu widmen. Ihre ganze Leidenschaft gilt weiterhin der Wissenschaft und Forschung. Die Organisation ist davon ausgegangen, dass sie es mit ihrem herausragenden Intellekt schon hinbekommen werden, geschickt mit Menschen umzugehen und gut zu kommunizieren. In Wirklichkeit sind Menschen mit starker Wissensorientierung oft keine guten Kommunikatoren. Viele Wissenschaftler und Forscherinnen geben das auch offen zu. Der Spagat zwischen Wissen und Führung ist in ihrer Organisation aber nie thematisiert worden. Manche fühlen sich deshalb auf ihren Posten im Stich gelassen. Andere scharen »Jünger« um sich, die ihnen ergeben sind. So machen sie es sich leicht. Gleichzeitig merken die Institute jetzt, dass ihnen junge Talente weglaufen, weil sie mit dem Führungsstil ihrer Vorgesetzten nicht klarkommen. Eigentlich haben die Menschen in den wissenschaftlichen Organisationen noch Glück, denn sie müssen sich das

Dilemma endlich anschauen, darüber ins Gespräch kommen und gemeinsam Lösungen finden. In vielen Businessorganisationen herrscht dagegen erst wenig Bewusstsein darüber, wie Wissen zu einem Kampfplatz werden kann.

Was die Mitarbeitenden und die Organisation wirklich brauchen

Wissensorientierung contra Führungskompetenz – dieses latente Spannungsfeld eröffnet typischerweise einen verdeckten Kampfplatz und ist dann eher die tiefere Ursache anderer Auseinandersetzungen, als zu einem greifbaren Konflikt zu werden. Da betreiben wir zum Beispiel notorisch Mikromanagement und bekommen deswegen immer wieder Ärger mit unseren Mitarbeitenden. Vielleicht gehen wir das Problem ab einem gewissen Punkt sogar offensiv an und erklären uns zum Beispiel im Rahmen einer Mediation bereit, uns zukünftig weniger einzumischen und die Mitarbeitenden mehr ihren Job machen zu lassen. Wir merken gar nicht, dass die eigentliche Ursache für das Mikromanagement unser Bedürfnis ist, im fachlichen Thema zu bleiben und mitreden zu können. Aus diesem Bedürfnis heraus gehen wir auf einen Mitarbeiter zu und sagen: »Zeig doch mal, was du gerade machst … Ist ja interessant … Ich würde dies und das hier anders machen …« Prompt ist der Mitarbeiter frustriert und demotiviert, weil Mister Besserwisser ihm sagt, wie er zu arbeiten hat. Wir bekommen den Frust vielleicht nicht einmal mit, denn wir sind in unserem Element und freuen uns, mal wieder für ein paar Minuten in die Materie eintauchen zu dürfen. Dasselbe Muster steckt oft dahinter, wenn ich mich als Führungskraft in Lieblingsprojekte vertiefe und so meine Prioritäten falsch setze. Einem Projekt, das mich fachlich reizt, widme ich übermäßig viel Zeit, ohne groß darüber nachzudenken. Bei der Besprechung anderer Projekte bin ich dann kurz angebunden und ungeduldig. Durch die falsche Priorisierung gerate ich zunehmend in Zeitstress. Schließlich doktere ich – meist erfolglos – an meinem

Zeitmanagement herum, statt zu reflektieren, welche Anreize meine Aufmerksamkeit steuern.

Ich muss den Kampfplatz Wissen also erst als tiefere Ursache von Konflikten erkennen, um hier etwas zum Besseren verändern zu können. Eine typische Reaktion ist aber, erst mal zu denken: »Mensch, ich bin nicht mehr so fit im Fachlichen! Ich muss dringend was tun, damit ich nicht den Anschluss verliere!« Der ohnehin schon hohe Stresspegel steigt damit weiter an, und zwar so weit, bis ich irgendwann vielleicht merke, dass ich den Kampf nicht gewinnen kann. An diesem Punkt habe ich die Chance, die Dinge für mich zu klären. Ich kann mich fragen: »Wie viel bedeutet mir Wissen? Wie sehr definiere ich mich in der Organisation als Experte oder Expertin?« Und vor allem: »Ist Fachlichkeit für mich immer noch attraktiver als Führung?« Falls ja, dann mache ich als Führungskraft den falschen Job. In diesem Fall darf ich mir die Frage stellen, ob ich das Unternehmen lieber verlassen und anderswo wieder Spezialist oder Spezialistin sein will.

Der Schritt zurück aus einer Führungsposition in eine wissensbasierte Rolle im selben Unternehmen ist meistens sehr schwierig. »Führung auf Zeit« ist eine gute Idee, die aber nur selten praktiziert wird. Vielleicht kann es da für mich eine Lösung sein, mich als Expertin oder Experte mit einer gewissen Führungserfahrung selbstständig zu machen und für verschiedene Unternehmen zu arbeiten? Oder ich bewerbe mich bei einem Beratungsunternehmen als Consultant? So könnte unter Umständen der Weg zurück in die Rolle des Spezialisten beziehungsweise der Spezialistin aussehen.

Habe ich diese Optionen alle ausgeschlossen und stehe ich zu meinem ursprünglichen Entschluss, Führungskraft zu sein, dann hat das für mich Konsequenzen: Ich darf mir als Erstes klarmachen, dass ich nicht führen und gleichzeitig die Person sein kann, die alles am besten weiß. Ich habe in erster Linie eine Führungsaufgabe und nur in zweiter Hinsicht gibt es da ein Fachgebiet, mit dem ich groß geworden bin. Daraufhin kann ich mir folgende Frage stellen: »Wie sehr führe ich bisher über mein Fachwissen?« Es ist oft lohnend, sich hier etwas Zeit zur Reflexion zu nehmen und seine gewohnten Muster anzuschauen. Dabei wird der verdeckte Kampfplatz Wissen mehr und mehr als solcher erkennbar: Führung über Wissen zieht immer wieder

Konflikte mit Mitarbeitenden nach sich. Also ist es jetzt meine Aufgabe, ein anderes Führungsverständnis zu entwickeln. Eines, das nicht auf Wissen basiert, sondern beispielsweise auf Kommunikation, Empathie und der Fähigkeit, Menschen in ihren Stärken zu sehen und zu koordinieren. Natürlich darf und soll mein Job für mich weiter inhaltlich interessant sein. Wenn mich bestimmte Produkte faszinieren, eine spezielle Technologie oder die Ästhetik und das Umfeld gewisser Marken, dann ist das als Anreiz, in einzelnen Unternehmen lieber zu arbeiten als in anderen, völlig okay. Es sollte nur klar sein, dass dies alles Nebensache und Führung die Hauptsache ist.

Als Nächstes darf ich mich neu – oder vielleicht zum ersten Mal richtig – damit beschäftigen, was die Mitarbeitenden in meiner Rolle als Führungskraft von mir erwarten und was die Organisation von mir braucht. Ich benötige ein Grundverständnis von Technologien, Produkten und Prozessen sowie des Marktumfelds und der eigenen Marke. Dann aber ist es mein Job als Führungskraft, Menschen gut ins Spiel zu bringen und produktiv zu machen.

Dazu muss ich nicht alles wissen. Oft brauche ich dazu sogar überhaupt kein Fachwissen, dafür aber umso mehr psychologisches oder organisatorisches Geschick. Halte ich das aus oder macht es mir Angst, weil ich mich wie ein Fisch außerhalb des Wassers fühle? Sofern Angst hier nicht mein Thema ist, lautet eine weitere Frage: »Wie zufrieden bin ich mit meiner Arbeit und ihren Ergebnissen?« Es gibt zum Beispiel Menschen, die nur dann vollkommen zufrieden sind, wenn sie am Ende eines Tages etwas produziert, weiterentwickelt oder in irgendeiner Form erschaffen haben. Als Führungskräfte müssen wir auf diese Form der inneren Erfüllung meist verzichten. Vielleicht konnten wir heute ein bestimmtes Problem lösen oder Weichen in die richtige Richtung stellen. Aber grundsätzlich ist Menschenführung eher eine lange Reise, ein kommunikativer Prozess, der auch am Ende eines langen Tages häufig kein greifbares Ergebnis hat. »Bin ich damit einverstanden? Und kann ich loslassen, was mich vielleicht früher einmal innerlich erfüllt hat?« Sobald ich all die genannten Fragen für mich selbst beantwortet habe, ist es Zeit, in den Dialog zu gehen.

Souveräne und freie Menschen können über alles reden

Das offene Gespräch mit Mitarbeitenden über wechselseitige Erwartungen in Bezug auf Führung erlebe ich immer wieder als eine riesige Hürde für Führungskräfte. Selbst wer bereits ahnt, dass unterschiedliche Erwartungen an die Führungsrolle ein Problem sein könnten, lässt die Dinge oft lieber unausgesprochen. Warum ist das so? Zunächst sind wir es schlicht nicht gewohnt, solche Themen zu besprechen. Es ist in Unternehmen noch wenig bekannt und etabliert, über Rollen und Erwartungen zu diskutieren. Andernfalls könnte sich die Erwartung, dass derjenige führen soll, der am meisten weiß, überhaupt nicht so hartnäckig halten. Der zweite Punkt sind unsere Prägungen. Wie sieht die eigene Führungsbiografie aus? Gab es da zum Beispiel ein bewundertes Vorbild? Und war das vielleicht jemand, der sehr viel Wissen besaß? In einigen Unternehmen gibt es sogar Gründerpersönlichkeiten, die große Ingenieure und Erfinder waren. Ihre Genialität bildete die Keimzelle des unternehmerischen Erfolgs, und spätere Generationen orientierten sich daran. Es kann aber nicht jede Generation den Verbrennungsmotor, das Penicillin oder die Computertomografie neu erfinden. In reifen Unternehmen geht es eher um das langfristige Überleben als um Basisinnovationen. Selbst in wissensintensiven Industriezweigen ist Wissen nicht alles, sondern es dreht sich mindestens so sehr um Menschenführung und Organisation.

Ein dritter Punkt, der uns oft hindert, in den Dialog über Erwartungen zu gehen, hat mit Methodenkompetenz zu tun. Als Führungskräfte lernen wir am allerwenigsten zu moderieren – obwohl Moderationskompetenz das ist, was wir im Alltag mit am dringendsten benötigen! Noch ist es eine absolute Seltenheit unter Führungskräften, eine Moderations- oder Coaching-Ausbildung absolviert zu haben. Das ist sehr schade, denn ins Gespräch zu kommen, einander zuzuhören und gemeinsam einen Konsens zu finden, lässt sich lernen.

Viel schwieriger ist da der vierte und letzte Punkt. Das ist schlicht die eigene Angst. Die Angst, sich eine Blöße zu geben, wenn man Erwartungen nicht gerecht wird, sitzt bei uns allen tief. Das gilt auch und gerade für die Angst, etwas nicht zu wissen oder nicht zu können. Bereits an Schulen und Hochschulen haben wir nicht nur Prüfungsangst kennengelernt, sondern auch, was es heißt, aufgerufen zu werden und etwas nicht zu wissen. Alle starren uns an, wir erröten – und bringen keinen Ton hervor. Später merken wir vielleicht sogar, dass wir die richtige Antwort eigentlich kannten. So etwas prägt fürs Leben. Es bleibt die latente Angst, in eine Kind-Rolle gedrängt zu werden. Als Erwachsene dürfen wir uns aber klarmachen, dass wir weder alles wissen können noch müssen und auch niemand mehr unser Wissen abfragt.

In dem Roman *Tschick* von Wolfgang Herrndorf sagt die alkoholabhängige Mutter zu ihrem 14-jährigen Sohn Maik: »Du kannst nicht viel von deiner Mutter lernen. Aber das kannst du von deiner Mutter lernen. Erstens, man kann über alles reden. Und zweitens, was die Leute denken, ist scheißegal.« Der Roman mit diesem inzwischen bekannten Zitat ist heute in vielen deutschen Bundesländern Schullektüre. Sind wir auch als Erwachsene bereit, aus solchen Texten etwas zu lernen? Grund genug dazu hätten wir. Denn souveräne und innerlich freie Menschen können tatsächlich über alles reden. Und sie wissen, dass die Angst davor, was andere denken könnten, einen nicht davon abhalten darf, in den Dialog zu gehen. Wer seine unterschiedlichen Prägungen hinter sich gelassen, Moderationskompetenz aufgebaut und sich mit seinen Ängsten konfrontiert hat, der kann sich vor sein Team stellen und als Frage in den Raum stellen: »Ich bin nicht mehr so drin im Thema – wie gehen wir damit um?« Eine solche Offenheit wirkt entwaffnend, und es ist extrem unwahrscheinlich, dass ein Team darauf negativ reagiert. Viel wahrscheinlicher markiert dies den Startschuss zu einer Diskussion über Rollen und Erwartungen. Am Ende solcher Diskussionen steht dann meistens ein großer Fortschritt in der Zusammenarbeit. Die Mitarbeitenden haben verstanden, dass es nicht die Rolle der Führungskraft ist, das System mit Wissen zu versorgen, sondern das Wissen der Mitarbeiter so einzusetzen, wie es für die Organisation produktiv wird.

Umgekehrt lerne ich in der Führungsrolle noch besser zu verstehen, was Mitarbeiter von mir brauchen. Je überzeugender es mir jetzt gelingt, die begründeten Erwartungen zu erfüllen, desto leichter fällt es mir, irgendwann bei einem Wissensthema zu sagen: »Ich weiß es nicht« und vielleicht die Frage anzufügen: »Wo bekommen wir das nötige Wissen her?«

Was für den Dialog mit Mitarbeitenden gilt, trifft unter anderen Vorzeichen genauso für das Gespräch mit dem eigenen Chef oder der Chefin zu. Auch hier ist es wichtig, offen über Erwartungen zu sprechen, in diesem Fall auch über die Erwartungen der Organisation an mich. Ist es klar, dass ich in meiner Führungsrolle nicht dazu da sein kann, das System mit Wissen zu versorgen? Oder gibt es da unausgesprochene Erwartungen? Und vor allem: Wenn es nicht um Wissen geht – was ist dann die wichtigste Erwartung des Systems an mich?

Der Worst Case bei all diesen Gesprächen ist eigentlich nur, dass die Menschen zunächst irritiert reagieren – weil sie es einfach nicht gewohnt sind, über alles offen zu reden. Auch deshalb sind Moderations- und Coaching-Ausbildungen hilfreich, denn sie geben Sicherheit und vermitteln Methoden, ein Gespräch in die richtigen Bahnen zu lenken. So oder so gewöhnen Menschen sich mit der Zeit daran, über Themen zu sprechen, die bisher unausgesprochen geblieben sind. Auch über ihr Wissen. Auch darüber, wie viel jemand in welcher Rolle im System wissen kann und wissen muss. Und dann möglicherweise auch über Alternativen zum klassischen Spezialistentum. Denn eines ist klar: Nicht nur für Führungskräfte, sondern auch für Fachleute wird es immer schwieriger, ihr Wissen aktuell zu halten. Das hat mit der enormen Dynamik zu tun, der unsere Wissensgesellschaft mittlerweile unterliegt.

Warum wir ein neues Verständnis von Wissen brauchen

Schätzungen, nach wie vielen Jahren sich das Wissen der Welt aktuell verdoppelt, brauche ich hier gar erst nicht zu zitieren. Denn wir alle erleben die Wissensexplosion längst in unserem Alltag: immer mehr

Bücher, E-Books, Hörbücher, Fachartikel, Podcasts, Videos, Studien, Forschungsergebnisse, Kongresse, Kolloquien und so weiter. Immer mehr Wissenschaftler und Wissenschaftlerinnen (ihre Zahl hat sich zwischen 1950 und 2000 verzehnfacht) produzieren immer mehr neue Erkenntnisse. Auf unseren Computern sind immer mehr Daten, immer mehr Programme und Apps, und es gibt immer mehr Möglichkeiten, Daten zu verknüpfen, mit ihnen zu arbeiten und aus ihnen Erkenntnisse zu gewinnen. Gleichzeitig werden die Innovations- und Produktzyklen immer kürzer. War mein iPhone 10 nicht eben noch ganz neu? Jetzt warten alle schon auf das iPhone 15. Soll ich als nächstes Auto noch einmal einen Plug-in-Hybrid bestellen, oder muss ich mich schon in Richtung vollelektrisches Fahren orientieren? In einem Satz: Wir kommen langsam nicht mehr mit. Nicht allein das akademische und technische Wissen veraltet immer schneller, sondern auch jenes Wissen, das uns im Alltag Orientierung und Sicherheit gibt. Da wir zwar die Leistungsfähigkeit von Computern ständig steigern können, nicht aber die unserer Gehirne, gibt es hier nur einen Ausweg: Wir brauchen ein neues Verständnis von Wissen. Wir dürfen das Individuum nicht länger als den primären Wissensträger betrachten.

Das ist allerdings gar nicht so einfach. Unsere jahrhundertealten kulturellen Prägungen im Hinblick auf Wissen und die Privilegien, die es Menschen verleiht, stehen uns da massiv im Weg. Auch seitens der Politik hören wir meistens nur: Bildung, Bildung, Bildung! Niemand erklärt uns, dass Metakompetenzen, die es einem ermöglichen, Wissen zu erschließen und produktiv zu machen, längst wichtiger sind als das Wissen selbst.

Als Führungskraft in einer Organisation darf ich jetzt erst einmal akzeptieren, dass es nicht so weitergehen kann wie gewohnt. Ich muss mich von meinen Prägungen im Hinblick auf Wissen und Fachkompetenz ein Stück weit befreien. Ich bin ein Mensch und kein Computer, deshalb darf ich mich im Zeitalter der Künstlichen Intelligenz auf das besinnen, was ich als Mensch gut kann – und der Computertechnologie das überlassen, was sie besser kann. Ganz praktisch bedeutet diese Umorientierung, dass ich schrittweise neue Kompetenzen aufbaue. Dazu muss ich mich von meinem bisherigen Fachwissen nicht unbedingt über Nacht verabschieden. Es genügt, eine gute Balance anzustreben: Da ist auf der einen Seite mein Interesse an fachlichen Themen, Innovationen oder Neuerungen innerhalb meiner Branche. Das umfasst die alte Welt des akademischen Wissens und des technischen Fortschritts, die sicher noch einige Jahre Bestand haben wird. Auf der anderen Seite ist da jetzt das »neue Wissen« – die Metakompetenzen, die ich brauche, um Wissen, Mensch und Organisation zu verknüpfen.

In Organisationen geht es jetzt schon zunehmend darum, wie Menschen sich geschickt vernetzen, ihr Wissen miteinander teilen und gemeinsam produktiv werden. Das ist einer der Grundpfeiler von New Work und könnte in naher Zukunft noch mehr Gewicht bekommen. Wie alle anderen Formen der Zusammenarbeit von Menschen bedarf auch dieser Prozess der Führung. Als Führungskraft bin ich also nicht mehr so sehr gefragt, Wissen zu besitzen und zu liefern, sondern wissende Menschen ins Unternehmen zu holen, sie dort zu halten, zu verbinden und zu vernetzen. Parallel ist es immer öfter meine Aufgabe, Künstliche Intelligenz so zu integrieren, dass sie die Produktivität menschlicher Netzwerke weiter steigert.

Nahezu sämtliche gesellschaftlichen Vordenker und Business-Gurus sind sich darin einig, dass der Faktor Mensch mit der fortschreitenden Digitalisierung nicht unwichtiger werden wird, sondern wichtiger. Es wird konkret von geschickter Führung abhängen, ob ein Netzwerk aus Menschen, die alle nur noch ein Teilwissen besitzen, produktiv ist oder nicht. Je reibungsloser ein System auf der sozialen Ebene funktioniert, desto leichter und bereitwilliger werden Menschen ihr Wissen teilen und desto kreativer und produktiver werden sie als Gemeinschaft sein. Die besten Köpfe zusammenzubringen und die Bedingungen für Innovation zu gestalten, ist in meinen Augen eine sehr spannende neue Aufgabe für Führungskräfte. Gleichzeitig ist es auch eine große Herausforderung. Wenn es auf der zwischenmenschlichen Ebene nicht rund läuft, wirkt sich das in einer Wissensökonomie viel unmittelbarer negativ aus als in der klassischen Industriegesellschaft.

Die Erkenntnis, dass es für das Individuum nicht mehr zu schaffen ist, auf der Grundlage seines Wissens zu führen, kann uns am Ende auch locker machen. Wenn ich in einer Führungsrolle mehr dazu da bin, Menschen zu verbinden und gemeinsames Denken und Handeln zu ermöglichen, als selbst Wissen beizusteuern, dann fällt eine große

Last von mir ab. Ich beschäftige mich jetzt mehr mit Menschen, ihren Talenten und Fähigkeiten und beginne zu experimentieren. Dabei gehe ich im Idealfall mit allen in einen ständigen Dialog darüber, wie wir arbeiten und gemeinsam produktiv sein wollen. Schließlich ist es keinesfalls so, als stünden die Zukunft der Arbeit und damit auch die der Führung bereits fest. Dass es immer mehr in Richtung Wissensgesellschaft, Digitalisierung und Vernetzung geht, scheint relativ sicher. Obwohl es auch hier keine Garantien gibt. Wie das alles in der täglichen Praxis aussehen wird, ist noch völlig offen. Es kommt darauf an, was wir wollen und wie wir miteinander umgehen. Hinzu kommen globale Rahmenbedingungen – von den Folgen des Klimawandels bis zur möglichen nächsten Pandemie –, die wir vor Ort wenig beeinflussen können, auf die wir aber jeweils reagieren müssen. Sie sind ein Grund mehr, sich von alten Gewissheiten zu verabschieden. Letzten Endes haben Menschen auch in der Vergangenheit nie so viel gewusst, wie sie sich eingebildet haben. Jetzt ist die Zeit gekommen, die richtigen Fragen zu stellen – und weniger zu glauben, man besäße schon alle Antworten. Es ist die Zeit, innerlich Abstand zu gewinnen zum Alten und Gewohnten. Die Zeit, in den Dialog zu kommen und dann gemeinsam zu entscheiden, wie es weitergehen soll. Auf Fachwissen, wie wir es in der Vergangenheit kannten, kommt es dabei immer weniger an. Ein neues Verständnis von Wissen kann den Kampfplatz Wissen endgültig befrieden.

Übung: Die Führungslegitimation

Für den Führungserfolg ist die Frage der Führungslegitimation von großer Bedeutung. Wissen kann bei Ihnen selbst und bei Ihren Geführten dabei eine große Rolle spielen und sich somit zu einem sehr hohen Anspruch und Stressfaktor entwickeln. Vor allem weil es ein unumstößlicher Fakt ist, dass mit steigender Hierarchiestufe die fachliche Tiefe den zeitlichen Managementaufgaben geopfert werden muss. Nehmen Sie sich daher bewusst Zeit für eine Reflexion:

1. **Folgen mir Menschen aufgrund meines Fachwissens?**

2. **Gebe ich mir selbst die Legitimation, als Führungskraft nicht alles wissen zu müssen?**

3. **Welchen Anspruch hat mein berufliches Umfeld an meine Fachkompetenz?**

4. **Welches Verhältnis aus Fachkompetenz und Management kann und will ich in meinem Führungsalltag leisten?**

5. **Mit wem sollte ich über unterschiedliche Erwartungen an meine Fachkompetenz ins Gespräch kommen?**

Bitte tappen Sie bei der Frage 4 nicht in die Falle, weiterhin sowohl in die fachliche Tiefe eintauchen und gleichzeitig aber auch ihren Managementaufgaben gerecht werden zu wollen. Aus meiner Erfahrung ist beides mit einem hohen qualitativen Anspruch nicht zu leisten. Sie werden sich zwischen Menschenführung und Management auf der einen Seite und Fachexpertise auf der anderen Seite entscheiden müssen, um den Kampfplatz »Wissen« zu verlassen. Suchen Sie dabei auch das Gespräch mit Ihrem beruflichen Umfeld.

KAMPFPLATZ PRIVATLEBEN: ALLES MUSS PERFEKT SEIN

Wer beruflich viel Stress hat, will es privat so schön wie möglich haben. Dagegen ist überhaupt nichts einzuwenden. Aber wer schafft es schon, etwas einfach nur für sich oder mit der Familie zu genießen? Ständig fragen wir uns, wie unsere Aktivitäten nach außen wirken und ob sie dem Bild entsprechen, das sich andere von uns machen sollen. Dabei legen wir die Latte der Ansprüche an uns selbst sehr hoch. Alles soll perfekt sein. Bis irgendwo ein Riss entsteht. Dann wird auch das Privatleben zum Kampf.

In meiner Rolle als Trainer und Coach ist es eigentlich nicht mein Auftrag, mich mit dem Privatleben von Führungskräften zu beschäftigen. Wenn Unternehmen mich ins Haus holen, dann versprechen sie sich von meiner Arbeit bessere Führung und dadurch mehr Effizienz und Effektivität im Arbeitsalltag. Und wenn Führungskräfte zu mir ins Einzelcoaching kommen, dann suchen sie entweder nach Werkzeugen für Führungsthemen, oder sie haben schon alle Werkzeuge in der Hand und kommen trotzdem nicht klar. Insofern ist es erstaunlich, wie schnell private Themen jedes Mal auf den Plan treten. Ich erwarte das längst schon so, aber für mein Gegenüber kommt es meistens plötzlich. Eigentlich ist es nicht weiter verwunderlich, denn sobald es darum geht, das eigene Führungsverhalten zu verändern, Entscheidungen zu treffen, mutiger aufzutreten oder Position zu beziehen, steht die Frage im Raum: Was passiert, wenn ich das tue? Riskiere ich damit meinen Job? Und welche Konsequenzen hat das dann für mein Privatleben? Muss ich eventuell kürzertreten, und verdiene ich dann weniger? Oder bekomme ich noch mehr Stress als ohnehin schon, wenn ich etwas verändere? Und sieht meine Familie mich dann überhaupt noch? So oder ähnlich lauten die bangen Fragen. Ich kenne diese Themen aus meiner eigenen Führungsbiografie nur allzu gut. Deshalb ist es mir wichtig, darauf einzugehen und das Private nicht etwa auszublenden.

Unser Privatleben ist für uns alle ein existenzielles Thema. Wesentlich mehr als bei der beruflichen Karriere zeigt sich hier, ob wir glücklich sind und unsere Vorstellung von einem guten Leben verwirklichen können. Für die allermeisten von uns gehören eine Partnerschaft und eine Familie zu einem erfüllten Leben dazu. Aber auch das Drumherum soll unseren Vorlieben und persönlichen Wertvorstellungen entsprechen: wo und wie wir wohnen, wo wir Urlaub machen, was wir essen und trinken und welchen Sport wir treiben, welche Hobbys wir pflegen und nicht zuletzt, mit welchen Menschen wir uns privat treffen. Man sollte meinen, dass in unserer pluralistischen Wohlstandsgesellschaft alle nach ihrer Fasson selig werden. In Wirklichkeit sind die Dinge aber nicht so einfach. Es besteht eine wechselseitige Abhängigkeit zwischen Berufs- und Privatleben, die auf vielen Ebenen Druck erzeugt. Nie geht es allein darum, was mir, meinem Partner, meiner Partnerin und meinen Kindern gefällt und Freude macht. Das Bild, das wir nach außen abgeben, spielt für uns stets eine große Rolle. Außerdem gibt es gesellschaftliche Trends, denen wir uns als Einzelne nur schwer entziehen können.

In meiner Berufspraxis erkenne ich immer wieder vier große Bereiche, in denen das Privatleben zu einem Problemfeld und schließlich zu einem Kampfplatz wird: Da ist erstens der Wunsch, sich für seinen Fleiß und seine Leistung zu belohnen. Irgendwann führt das zu einem Anspruchsniveau, bei dem wir leicht die Bodenhaftung verlieren und unrealistische Erwartungen entwickeln. Zweitens spielt Status in unserer Gesellschaft immer noch eine große Rolle, selbst wenn niemand offen darüber spricht. Das Verlangen, sich etwas zu gönnen und etwas zu gelten, führt drittens leicht in eine Abhängigkeit, die Sorge und Verlustangst nach sich zieht. Hinzu kommt viertens der Trend zu Fitness, Gesundheit und Selbstoptimierung, der uns längst nicht mehr die freie Wahl lässt, wie Lebensgenuss für uns aussehen soll. Schauen wir uns diese vier Bereiche einmal etwas genauer an.

Erst kommt der Druck im Job, dann der Stress im Privatleben

Belohnung ist etwas Schönes und Wichtiges im Leben, das ist gar keine Frage. Gerade wenn wir viel arbeiten und beruflich eine Menge Druck aushalten müssen, sagt da eine Stimme in unserem Kopf. »Gönn dir auch mal was!« Oder: »Tue dir was Gutes!« In den meisten Fällen ist es jetzt auch genau das Richtige, es zu tun und dafür zu sorgen, dass der Lebensgenuss nicht zu kurz kommt. Wir neigen heute alle dazu, sehr im Kopf zu leben und unsere Bedürfnisse zu vernachlässigen. Ich selbst bin ein großer Freund von Ästhetik, und es gehört für mich zur

Lebensqualität, Schönes zu erleben und mich mit schönen Dingen zu umgeben. Schwierig werden unsere Belohnungen erst dann, wenn sie immer kostspieliger ausfallen und die Genüsse, die sie uns bereiten, immer flüchtiger. Oder wenn wir gar nichts mehr genießen können und an nichts mehr Freude haben. Oder wenn die Belohnung im Privatleben einen Mangel an Sinn und an Spaß bei der Arbeit kompensieren soll. Die Innenseite, also das, was wir erleben, ist dabei immer nur das eine. Es gibt stets auch eine Außenseite, und die führt uns geradewegs zum Thema Status.

Kaum jemand gibt direkt zu, statusorientiert zu sein. Wir wollen nicht, dass alle sofort merken, wie sehr uns unser Status beschäftigt. Lieber geben wir uns heute betont geerdet, egalitär und demokratisch. In Wirklichkeit wird aber sehr wohl geschaut, welches Auto eine Führungskraft fährt und in welcher Lage sie wohnt. Wie allgegenwärtig und gleichzeitig subtil Statusfragen sind, erlebe ich manchmal auf geradezu amüsante Weise, wenn meine Kunden herausfinden, dass ich in einem Schloss wohne. Dann sind sie erst einmal zutiefst beeindruckt. Das ändert sich kaum, wenn ich erkläre, dass ich nicht das gesamte Schloss bewohne, sondern es nach seiner Kernsanierung in einzelne Wohnungen aufgeteilt wurde. Erst wenn zur Sprache kommt, dass meine Wohnung im Schloss gemietet ist, fällt die Ehrfurcht in sich zusammen – und weicht Kopfschütteln: »Nur gemietet? Kein Eigentum? Wirklich?« Kaum jemand fragt, wie zufrieden ich mit der Wohnung bin und ob ich mich darin wohlfühle. Wenn die Außenwirkung wichtiger ist als das, was wir innerlich erleben, kann das so manche Blüte treiben. Ich werde darauf noch zurückkommen.

Mittlerweile kenne ich eine ganze Reihe von Führungskräften, die ihr Haus verkauft haben, um sich aus einer Abhängigkeit zu befreien. Sie haben irgendwann eingesehen, dass das große Haus hauptsächlich dazu diente, nach außen etwas darzustellen. Jetzt fühlen sie sich in einer schönen Wohnung nicht nur wesentlich wohler, sondern sind auch die Angst los, sie könnten ihr Haus eines Tages verlieren. Natürlich sollen alle im eigenen Haus leben, die das gerne möchten, vor allem, wenn eine große Familie da ist. Mir geht es hier weniger um das Haus an sich, sondern um die Abhängigkeit, in die wir uns leichtfertig begeben und die uns ängstlich und befangen macht. Wenn eine schwierige berufliche Veränderung im Raum steht, lautet die erste Frage oft: Werde ich meiner Familie weiter den gewohnten Standard bieten können? Und die zweite: Werden wir unser Haus behalten können? Meist gilt die Sorge gar nicht so sehr einzelnen Besitzständen, sondern einem Lebensstandard, den man über Jahre immer weiter hochskaliert hat und der jetzt zum Risiko geworden ist. Wer viel hat, kann viel verlieren. Das Gefühl, privat nicht mehr kürzertreten zu können, auch nicht für eine Übergangszeit, macht unfrei und lässt einen dann oft auch in der beruflichen Rolle ängstlich und unsouverän agieren. Es steht viel auf dem Spiel, deshalb muss man seine Position halten und ist auch im Job ständig auf Absicherung aus.

Vor und nach den vielen Stunden im Büro gilt es schließlich auch noch, sich ausgiebig um seinen Körper zu kümmern. Wir müssen uns abwechslungsreich ernähren, ergänzend allerlei Kapseln und Pulver konsumieren und uns ausreichend sportlich betätigen, sonst könnten wir unsere Leistungsfähigkeit einbüßen. Wenn wir das Laufen frühmorgens nicht schaffen, rennen wir in der Abenddämmerung noch durch den Wald oder stellen uns aufs Laufband. In Keynotes und auf YouTube erklären uns smarte Persönlichkeiten, was wir sonst noch alles für unsere Gesundheit und Fitness tun könnten oder sollten. Ein Trend jagt hier den nächsten: Ist vegan gerade groß in Mode, rät der Nächste schon zum Prime Beef. Schon direkt nach dem Aufstehen soll uns die elektrische Zahnbürste mit den zehn Programmen begeistern, während wir am Badezimmerspiegel die Affirmation für unser aktuelles Ziel kleben sehen. Wenn ich vor Seminarteilnehmern sage, dass ich auch nicht jeden Tag topfit und von früh bis spät gut drauf bin, spüre ich, wie eine Welle der Entspannung durch die Reihen geht. Den meisten von uns ist das alles ja längst zu viel, nur traut sich kaum jemand, es laut zu sagen. Wie sollen wir das ganze Programm noch bewältigen? Aber das ist vielleicht gar nicht mal die entscheidende Frage. Sie lautet eher: Warum machen wir uns eigentlich auch noch privat so viel Stress? Glauben wir, ohne das spektakuläre Haus, die perfekten Kinder und den Einkaufszettel vom Ernährungs-Coach würden wir etwas verpassen?

Wenn stets nur das Beste gut genug ist

In der Businesswelt sind wir es gewohnt, nach dem Optimum zu streben – und diesen Gedanken der Optimierung übertragen wir auf unser Privatleben. Das geschieht weitgehend unbewusst. So gut wie niemand ist vollkommen frei davon. Ich bin es auch nicht. Obwohl mir zum Beispiel bewusst ist, dass ein Auto vor allem ein Fortbewegungsmittel ist – das in der heutigen Zeit möglichst umweltschonend fahren sollte –, möchte ich doch stets das neueste und in meinen Augen ästhetisch und technisch perfekte Fahrzeug besitzen. Ich kann das mit allen möglichen Argumenten rechtfertigen, aber erst einmal ist es einfach ein Impuls, dem ich nachgebe. So geht es wahrscheinlich den meisten im Hinblick auf ihre persönlichen Vorlieben. Wir bewegen uns außerdem fast alle in einem gepflegten Businessumfeld und häufig unter Menschen, für die Leistung, Perfektion und »guter« Geschmack selbstverständlich sind. Aus einem natürlichen Bedürfnis nach Zugehörigkeit tun wir es ihnen gleich, ohne groß darüber nachzudenken. Dann interessieren wir uns auf einmal für Segeln, Tennis oder Golf, obwohl wir diese Sportarten als Jugendliche immer total langweilig fanden. Wir merken, dass Freunde komisch gucken, wenn wir mit der Familie zum Skifahren in den Thüringer Wald fahren, und buchen das nächste Mal lieber Kitzbühel. Als Studierende haben wir immer Bier getrunken, aber jetzt wollen wir bei Weinen mitreden und beschäftigen uns deshalb mit Rebsorten, Lagen und Jahrgängen.

Solange das alles mehr oder weniger auf der Ebene des Konsums stattfindet, kann man es locker nehmen und wie ein Spiel begreifen, das man ein Stück weit mitspielt und dabei möglichst auch ein bisschen Spaß hat. Schwieriger wird es, sobald es um Menschen und zwischenmenschliche Beziehungen geht. Wenn also zum Beispiel der perfekte Partner oder die perfekte Partnerin gesucht wird und die Liebe hinter dem Perfektionsanspruch auf Platz zwei rutscht. Wir sind da heute schnell bei einem regelrechten Katalog von Kriterien, wie die perfekte Partnerin oder der perfekte Partner zu sein hat: gutaussehend und sexy, intelligent, mehrsprachig und vielseitig interessiert, gesund, fit und sportlich, gleichzeitig bei alledem natürlich auch eine gute Mutter oder ein guter Vater. In Unternehmen fällt heute in der zweiten Runde von Bewerbungsgesprächen öfter der Satz: »Bringen Sie zum nächsten Treffen doch gerne Ihren Anhang mit!« Die wenigsten Kandidaten und Kandidatinnen dürften von dieser Aufforderung begeistert sein, bedeutet sie doch, dass der Partner oder die Partnerin auf den Prüfstand soll. Natürlich wird das kein Arbeitgeber und keine Arbeitgeberin direkt zugeben, zumal ein solcher Partnertest arbeitsrechtlich gar nicht zulässig ist. Insgeheim interessiert sich das Unternehmen aber schon dafür, ob auch privat alles »stimmt« – je höher in der Hierarchie die vakante Position angesiedelt ist, desto mehr. Erscheint dann jemand mit einem Anhang, der eher zur Kategorie »treue Seele« als »helle Leuchte« zählt, kann es schon schwierig werden.

Es geht hier viel weniger um messbare Kriterien als um etwas, das man früher »Stallgeruch« nannte. Nach wie vor gibt es auch in unserer demokratischen Gesellschaft die sprichwörtliche gläserne Decke, bis zu der ein sozialer Aufstieg für Menschen jeder Herkunft problemlos möglich ist. Um noch weiter nach oben zu gelangen, braucht es mehr als Talent, Fleiß und überdurchschnittliche Resultate. Man muss selbstverständlich dazugehören, muss soziale Codes kennen und anwenden, sprich: ein selbstbewusst-lockeres Auftreten besitzen, den richtigen Ton treffen, Small Talk beherrschen und bei der Kleidung ins passende Regal greifen. Knigge-Trainer und Stilberaterinnen stehen bei Bedarf bereit, hier Nachhilfe zu geben. Besonders in gehobenen akademischen Kreisen sind die entsprechenden sozialen Codes auch heute noch sehr präsent.

Dies alles hat zur Folge, dass schließlich auch unsere Kinder mitspielen und ins Bild passen müssen: Kinder von Führungskräften sollten nach Möglichkeit ebenso intelligent wie sportlich sein und in der Schule sehr gute Leistungen bringen. Dabei dürfen sie aber keine autistischen Nerds sein, sondern ihr Sozialverhalten muss stimmen. Die Kinder sollen in Gruppen gut funktionieren, bei Gleichaltrigen beliebt sein und spätestens als Teenager gemeinnütziges Engagement erkennen lassen. Ein Musikinstrument zu erlernen und Sport im Verein zu treiben, gehört ebenfalls zum guten Ton. Aber bitte nicht irgendein Instrument und keine beliebige Sportart! Violine, Viola und Violoncello gern, Bongos eher nicht.

Als unser Sohn nach dem Abitur direkt anfing zu studieren, und das auch noch an einer deutschen Uni, musste ich das im Bekanntenkreis oft rechtfertigen: »Was, nicht erst ins Ausland?«, hörte ich im vorwurfsvollen Ton.

Sich immer noch mehr aufzubürden, stößt an Grenzen

All die bisher skizzierten Ansprüche an unser Privatleben sind vielleicht im einzelnen Detail trivial, bedeuten aber in der Summe einen Riesenstress. Und jetzt kommt der entscheidende Punkt: Beruflich haben wir bereits Stress genug! Den extrem hohen Anspruch an unser Privatleben, den wir zum Teil selbst definieren und uns zum Teil von außen aufdrängen lassen, packen wir trotzdem noch obendrauf. Kann das gutgehen? Nach meiner Beobachtung kann es das nicht, jedenfalls nicht auf Dauer. Ab einem bestimmten Punkt gleicht unser Privatleben einer Maschine: Alles ist durchgeplant und durchgetaktet, alle wissen, was ihre Rolle ist und was sie zu tun haben. Der Partner oder die Partnerin und die Kinder haben ebenso zu funktionieren wie die Mitarbeiter im Unternehmen – und keinen Stress zu machen. Ich weiß, das klingt hart, aber genau das erkennen Führungskräfte oft im Coaching und leugnen es dann auch gar nicht. Wenn mir heute Bekannte erzählen, wie toll ihre Kinder sind und wie selbstständig schon für ihr Alter, dann denke ich oft: »Selbstständig müssen sie auch sein, denn wenn es Probleme gäbe, hättest du gar keine Zeit, dich darum zu kümmern!«

Genau deshalb kann es auf Dauer gar nicht gutgehen, denn das Leben ist nie frei von Problemen. Wenn das Privatleben auch deshalb perfekt sein muss, weil ich mich um Störfälle gar nicht kümmern könnte, dann ist der Konflikt vorprogrammiert. Dann ist es häufig nur noch eine Frage der Zeit, bis das Private zum Kampfplatz wird. Ich habe gesagt, dass Menschen im Coaching durchaus erkennen, welchen Perfektionsanspruch sie privat an den Tag legen. Das bedeutet aber nicht, dass sie deswegen die Hilfe eines Coachs in Anspruch nehmen würden. Ich habe es jedenfalls noch nie erlebt, dass jemand in den Spiegel schaut, erkennt, was er sich und anderen zumutet, und dann beschließt, etwas zu ändern. Auch bei mir selbst war das nicht der Fall. Immer ist der Konflikt schon da, wenn jemand Hilfe sucht. Es knirscht bereits und es ist absehbar, dass es nicht so weitergehen kann wie bisher. Entweder ist es beruflich schwierig, und die bange Frage lautet: Was bedeutet das jetzt für meine Familie und mein Privatleben? Oder es gibt im »perfekten« Privatleben plötzlich einen Riss. So etwas muss nicht immer gleich heißen, dass der Ehepartner oder die -partnerin sich scheiden lassen will, es in der Herkunftsfamilie einen Pflegefall gibt oder die Kinder anfangen, mit illegalen Drogen zu experimentieren. Manchmal herrschen auch einfach nur Frust und Unzufriedenheit, und mit dem Familienfrieden ist es vorbei. Gar nicht so selten werden Führungskräfte dann von der Ehepartnerin oder vom Ehepartner zum Coaching geschickt.

Wie auch immer unsere Situation im Einzelnen aussieht: Wir müssen uns klarmachen, dass wir uns zu viel aufgebürdet haben und wir den Kampf mit all diesem Ballast nicht gewinnen können. Am besten ist es natürlich, wie geben den Kampf ganz auf. Dazu ist es nötig, der Realität ins Auge zu sehen: Ein Privatleben aus einem Guss, in dem alles immer schön ist, alles glänzt und jeder stets das Beste aus sich macht, ist nicht realistisch. Das ist eine überzogene Erwartung, und es ist letztlich nicht einmal das, was die meisten von uns wirklich glücklich macht. Dafür ist alles zu sehr von Ehrgeiz und Versagensangst getrieben, zu verkrampft, zu gewollt und zu wenig lebendig. Trotzdem ist es in der Regel sehr, sehr schwer, sich von Idealvorstellungen im Hinblick auf das Privatleben zu verabschieden. Es ist für uns alle ein Prozess, der seine Zeit braucht. Da ist es fast schon ein Segen, wenn der Leidensdruck bereits hoch ist. Denn dann bin ich gezwungen zu sortieren, was mir wirklich wichtig ist und was ich vielleicht nur tue, um anderen zu gefallen. Eine Phase der Selbstklärung kann einsetzen. Ich beginne, mich zu fragen, warum ich bestimmte Dinge tue und was sie mir bringen.

Geduld mit sich selbst ist in dieser Phase sehr wichtig. Sonst wirft man vielleicht zu schnell zu viel über Bord. Belohnungen etwa sind sinnvoll und tun gut, wenn man sich beruflich stark engagiert. Aber muss es der Trip nach Dubai sein, oder ist das spontane Wochenende an der Ostsee nicht vielleicht viel erholsamer? Auch sind Bewegung und Ernährung ohne Zweifel wichtig für die Gesundheit, die wir uns alle wünschen. Ich kenne aber keinen Sportwissenschaftler, der tägliches Lauftraining oder allabendliches Rackern an Geräten für den Normalbürger empfehlen würde. Trotzdem sind wir beeindruckt, wenn wir hören, dass jemand täglich eisern trainiert. Zwei bis drei Mal die Woche Sport, dann aber bewusst und mit Freude und Ausdauer, bringen oft viel mehr für Körper und Seele. Das sind nur kleine Beispiele.

Hat der Prozess der Selbstklärung eingesetzt, ist es höchste Zeit, mit der Familie ins Gespräch zu kommen. Hier erlebe ich immer wieder dasselbe Muster: Es kostet zunächst Überwindung, offen zu reden. Hat es jemand aber gewagt, ist die Überraschung groß: Der Partner oder die Partnerin und die Kinder haben zwar bisher alles mitgemacht, können sich vieles aber auch anders vorstellen. Dann beschließt man vielleicht gemeinsam, den Druck rauszunehmen, weniger gesellschaftliche Anlässe wahrzunehmen, in weniger Vereinen mitzumischen und weniger exotische Ziele zu bereisen. Man kann einfach weniger machen, aber das intensiver und mit mehr Qualität. Vielleicht hört man einander wieder mehr zu, hat wirklich Zeit füreinander, abends im Wohnzimmer oder bei einem Spaziergang in der Nachbarschaft, ohne große Ansprüche. Das kann ein Anfang sein.

Die Schattenseite der Persönlichkeitsentwicklung

Es ist stets einfacher, mit dem Strom zu schwimmen als gegen ihn. Darüber müssen wir uns im Klaren sein, sobald wir beginnen, unser Privatleben zu verändern und mehr an dem auszurichten, was uns guttut und innerlich stärkt, was gut für unsere Familie ist und allen Raum gibt, sich zu entfalten. Gesellschaftliche Trends nicht mehr mitzumachen, ist dabei leichter gesagt als getan. Wir befinden uns in einer auf Wachstum programmierten Konsumgesellschaft und erleben gerade einen Hype der Persönlichkeitsentwicklung, der uns subtil unter Druck setzt, stets das Beste aus unserem Leben herauszuholen. Es beginnt ja bereits damit, dass wir im beruflichen Kontext diverse Keynotes besuchen, und das, was die heute besonders gern gebuchten Sprecher auf der Bühne verkünden, absichtlich auch ins Private zielt. Wenn mir während eines Vortrags die Frage entgegengeschleudert wird »Was hast du heute getan, um die beste Version deiner selbst zu werden?«, dann ist es gar nicht so einfach, später am Büffet zu erklären, warum ich das für keine so gute Frage halte. Das gesamte Setting, das die Branche der Selbstoptimierung und Persönlichkeitsentwicklung erschafft, ist stets sehr suggestiv, und ihre Botschaften scheinen erst einmal evident und gegen Kritik immun zu sein. Ich brauche ein erwachsenes Selbstbewusstsein, verlässliche Informationen und auch einen gewissen Mut, um meine eigene Lebensphilosophie zu entwickeln, sie zu leben und mich damit nach außen zu positionieren.

Für mich persönlich ist weder alles falsch, was die Persönlichkeitsentwicklungsbranche verkündet, noch lasse ich mich vom Charisma prominenter Speaker blenden. Mehr als 20 Jahre Training und Coaching haben mir gezeigt, dass sich der Wunsch nach ständiger Optimierung immer irgendwann als Illusion entpuppt. Vieles im Leben, wenn nicht sogar das meiste, geschieht einfach – ob ich das nun gut finde oder nicht. Das Leben kümmert sich nicht um meine Vorstellung vom Optimum. Das bedeutet für mich aber nicht, den Kopf in den Sand zu stecken und nun überhaupt nicht mehr an mir und meinen Beziehungen zu Menschen zu arbeiten. Ich versuche lediglich, unverkrampfter und spielerischer an die Dinge heranzugehen, als es die gängigen Anleitungen zur Selbstoptimierung nahelegen. Ich bemühe mich auch, mehr in mich hineinzuhören und weniger von der Zustimmung anderer abhängig zu sein. Es ist doch so: Wenn ich meine Persönlichkeit immer erst auf ein Ideal hin entwickeln muss, dann heißt das im Umkehrschluss, dass ich so, wie ich im Augenblick bin, nie gut genug bin. Aber welches Ziel hat unser Leben? Gibt es überhaupt ein beschreibbares Ziel? Oder ist das Leben eher ein ständiger Wandel, bei dem ein vorheriger Zustand nicht schlechter sein muss als ein späterer?

Um Antworten auf solche Fragen zu finden, brauche ich nicht allein Input von außen, sondern auch Zeit mit mir selbst. Mir hat es in den vergangenen Jahren sehr geholfen, mich zu fragen: »Kann ich mit mir allein sein? Halte ich es mit mir überhaupt länger aus?« Und es dann einfach auszuprobieren, auf langen Spaziergängen oder einfach irgendwo auf einem Baumstamm in der Natur sitzend. Ich habe erkannt, dass vieles, was mir früher wichtig war, eher Ablenkung gewesen ist, weil ich Leere und Stille nicht aushalten konnte. Später habe ich in der Stille meine Antworten gefunden. Solange alles perfekt sein muss, bin ich mit meiner Aufmerksamkeit nur im Außen. In letzter Konsequenz bin ich in einem kindlichen Modus: Ich passe mich an und erwarte dafür Zuwendung und Zustimmung von anderen. Mit immer neuen Aktivitäten versuche ich vielleicht sogar unbewusst zu verhindern, in die Stille zu kommen. Denn die Antworten, die ich dort finde, könnten bedeuten, dass ich mich verändern will. Weite Teile meines Alltags sind auch heute noch durchgetaktet, und mein Job ist und bleibt manchmal stressig. Aber es ist mir mittlerweile wichtig, kleine Rituale zu haben, die mich in die Stille führen. Ich nehme mir zum Beispiel regelmäßig Zeit, einfach hinter dem Haus den Berg hinauf in den Wald zu gehen, ohne Handy, ohne Ziel – nur um zu hören und zu fühlen, was in mir ist, wenn ich still bin. Auch schaffe ich es inzwischen, für eine Woche allein an einen schönen Ort zu fahren, um etwas in Ruhe zu reflektieren. Das konnte ich früher nicht.

Längst hat sich allerdings auch die Persönlichkeitsentwicklungsbranche der Stille bemächtigt. Meditation ist groß in Mode. Wir sollen in uns gehen und unser Warum finden. Wozu? Um unsere Ziele besser zu erreichen und mehr aus uns zu machen. Mit anderen Worten: um uns zu optimieren! Meditation als Werkzeug der Selbstoptimierung zu benutzen, ist vom Standpunkt der östlichen Weisheit her gesehen eigentlich absurd. Aber es gibt ja auch Biologen, die sagen, die Liebe sei bloß ein Werkzeug der Natur, um das Überleben unserer Spezies zu sichern. Man kann die Dinge so sehen, wenn man will – wir sind frei, unseren Standpunkt zu wählen. Für mich ist die Stille kein Tool, und ich brauche auch kein Schweigekloster und keine Meditationstechniken, um mir selbst zu begegnen. Es genügt, mir Zeit zu nehmen und Ablenkungen auszuschalten. Und dann einfach zu warten, offen zu sein und anzunehmen, was geschieht. Manchmal kommen Gefühle hoch, die ich in der Hektik des Alltags verdrängt hatte. Dann nehme ich sie einfach wahr und nehme sie an. Ich betrachte die Dinge in mir mit Bewusstheit, Liebe und Akzeptanz, und ich versuche, sie nicht zu bewerten. Das ist unendlich heilsam.

Perfektion ist am Ende sehr, sehr langweilig

Ich kann und will in diesem Buch nicht die Frage beantworten, was ein gutes Leben ausmacht. Darauf können wir alle nur für uns selbst Antworten finden. Oft ist das eine lange Reise und kein Punkt, den man einmal abhakt und dann erledigt hat. Vielleicht finden wir auch nie eine definitive Antwort. Aber wir können akzeptieren, dass sich unsere Antworten auf jeder Stufe unseres Lebens ändern. Was ich in diesem Buch möchte, ist meine Beobachtung zu teilen, wie unser Perfektionsanspruch in den Kampf führt und wie wenig es sich lohnt, diesen Kampf auszutragen. Soll mir am Ende des Lebens jemand auf die Schulter klopfen und mir dazu gratulieren, alles richtig gemacht zu haben? Selbst wenn ich unterwegs das wahre Leben verpasst haben sollte? »Perfektion trennt«, sagt mein Kollege René Borbonus, und ich stimme ihm voll zu. Nach allem, was ich über das Leben gelernt habe, ist es nicht Trennung, sondern Verbindung, die uns erfüllt. Verbindung mit Menschen, die wir lieben, mit einer sinnvollen Aufgabe, mit der Natur, mit etwas Universellem (was auch immer das für uns ist) und nicht zuletzt mit uns selbst, mit unserem inneren Kern. Unabhängig davon, wie ein gutes Leben für uns konkret aussieht, haben wir allen Grund zu überwinden, was uns trennt.

Vielleicht gibt es das »gute« Leben auch gar nicht, sondern einfach nur das Leben. Das Leben als solches, mit der Aufforderung, mich darauf einzulassen, egal, was als Nächstes kommt. Dann höre ich nicht nur auf, nach dem Optimum zu streben, sondern ich höre auch auf, immerzu alles zu bewerten. Wenn ich das Leben annehmen kann, wie es ist, werde ich die guten Dinge und die Geschenke schon zur rechten

Zeit erkennen. Ich mache aber vielleicht auch die Erfahrung, dass so manches, was für mich früher unbedingt erstrebenswert war, eigentlich nur Zeitverschwendung ist. Und umgekehrt, dass sich so manche unangenehme Erfahrung, die ich auf gar keinen Fall machen wollte, am Ende als Segen erweist. Wenn wir immer ganz genau wissen, was wir wollen, und alles stets perfekt sein muss, dann ist die Wahrscheinlichkeit hoch, dass wir irgendwann ein sehr langweiliges Leben haben. Mag sein, dass uns andere um dieses Leben beneiden. Aber eigentlich ist alles vorhersehbar, ohne Überraschungen und deshalb irgendwie steril.

Perfektion ist statisch. Viele Menschen hadern mit dem ganzen Chaos in dieser Welt, und ich kann das gut verstehen. Auch mir wird es manchmal zu extrem. Aber ein vollkommenes Universum würde vollkommenen Stillstand bedeuten. Erstarrung. Entropie. Die Welt kann nur entweder perfekt sein oder lebendig. Wenn wir leben wollen, dann brauchen wir Amplituden, dann muss es rauf und runter gehen dürfen. Eine vollkommen glatte Linie, die Flatline, bedeutet im EKG Herzstillstand – und kurz darauf meistens den Tod. Wenn wir alles steuern, alles »glätten« wollen, dann reduzieren wir unsere Lebendigkeit. Das Leben schickt uns die »richtigen« Herausforderungen, ohne dass wir etwas dafür zu tun brauchen. Sind wir bereit, uns darauf einzulassen? Wenn ja, dann finden wir in der Stille alle Antworten, die wir brauchen. Wenn nein, wenn wir glauben, alles besser zu wissen, dann brauchen wir umso mehr Techniken. Dann müssen wir Ziele definieren und visualisieren. Dann müssen wir täglich unsere Affirmationen aufsagen. Dann müssen wir uns vom »falschen« Partner oder der Partnerin trennen und uns nur noch mit Menschen umgeben, die schon erreicht haben, was wir uns zum Ziel gesetzt haben. Sonst ziehen wir noch das Unglück an! Aber wie sieht es am Ziel aus? Was machen wir, wenn wir ankommen? Sind wir dann nicht doch wieder auf uns selbst zurückgeworfen?

Zu Beginn dieses Kapitels habe ich von vier großen Bereichen gesprochen, in denen das Privatleben zum Kampfplatz wird: Belohnung, Statusdenken, Abhängigkeit und Selbstoptimierung. Alle diese Kampforte lassen sich befrieden, indem ich sie transformiere. Dann ist Belohnung keine Kompensation mehr für etwas, das mir im Job fehlt, sondern einfach ein guter Umgang mit mir selbst. Ich gönne mir etwas, weil Schönes zum Leben dazugehört und es lebenswerter macht. Dafür brauche ich keine besondere Rechtfertigung. Je besser ich mich selbst kenne, desto besser weiß ich auch, was mir wirklich guttut, unabhängig davon, was andere gut finden oder was gerade Trend ist. Beim Thema Status kann ich innerlich einen Schritt zurücktreten. Ich kann akzeptieren, dass es in meiner beruflichen Position auch Erwartungen an mich persönlich gibt, ohne dagegen zu rebellieren. Ich muss mir diese Dinge aber nicht zu sehr zu Herzen nehmen. Und wenn mir etwas wirklich wichtig ist und meinen Werten entspricht, dann nehme ich mir auch die Freiheit, mich anders zu positionieren und Erwartungen zu unterlaufen. Wenn ich weiß, was mir guttut und mir wichtig ist, gerate ich auch nicht so schnell in Anhängigkeiten. Ich sichere mich für Notfälle ab, bleibe aber auch flexibel und akzeptiere Veränderungen, wenn sie anstehen. Schließlich werde ich auch anders mit meinem Körper umgehen, je öfter ich in die Stille gehe und auf mein Inneres höre. Menschen sind nun einmal sehr verschieden und haben unterschiedliche Bedürfnisse. Mit Patentrezepten für Gesundheit und Fitness lässt sich zwar viel Geld verdienen, aber sie werden nie für jeden passen. Am Ende ist mein Leben dann vielleicht nicht perfekt, aber dafür ist es wirklich *mein* Leben, so wie ich es haben möchte.

Übung: Sicherheit versus Freiheit

Unser Privatleben ist ein komplexes Konstrukt aus Kindheitsprägungen, gesellschaftlichen Normen und Wertvorstellungen. Es kann unser Zufluchtsort und Energiespender, aber auch unser zusätzlicher Stressfaktor und Kampfplatz sein. Ich möchte Sie daher einladen, auch hier in einen regelmäßigen Reflexionsprozess zu gehen:

1. **Welche Vorstellungen hatte ich als Kind vom Erwachsensein, und welche Rolle spielte das Thema Freiheit und Unabhängigkeit in meinen damaligen Fantasien?**

2. **Wie frei und unabhängig fühle ich mich gerade?**

3. **Welche privaten Verpflichtungen trage ich gern als Verantwortung, und welche erzeugen Druck und Stress?**

4. **Fühle ich mich frei in meinen Entscheidungen, privaten Druck und Stress zu minimieren?**

5. **Mit wem sollte ich in meinem privaten Umfeld über meine Bedürfnisse und Wünsche ins Gespräch kommen?**

Ich habe die Erfahrung gemacht, dass es vor allem uns Männern schwerfällt, mit unserem engsten privaten Umfeld über unseren empfundenen privaten Druck zu sprechen. Einerseits muss er uns zunächst erstmal bewusstwerden, bevor sich körperliche Symptome zeigen. Dann müssen wir mitunter noch sehr gefestigte Männerbilder vom »jederzeit schmerzfreien und erfolgreichen Versorger« überwinden. Aber auch die Frauenwelt ist nicht frei von stresserzeugenden Idealen wie der »erfolgreichen Businessfrau, liebevollen Mutter und jederzeit attraktiven Geliebten«. Wir alle sollten uns also ehrlich fragen, welche Vorstellung wir von einem »guten Leben« haben, welche Ansprüche daraus erwachsen und ob diese Ansprüche zu einem zusätzlichen Druck führen. Einen Austausch darüber mit unserer Partnerin oder unserem Partner zu führen, erfordert vielleicht Mut, wird Sie aber positiv überraschen und entlasten.

KAMPFPLATZ ICH: DER FEIND IM EIGENEN KOPF

Führung ist so komplex geworden, dass ohne Fokus nichts mehr läuft. Klarheit, Konzentration und Willensstärke lauten die Schlagworte. Aber was, wenn ständig Zweifel an uns nagen? Wenn das Gedankenkreisen nicht mehr aufhört? Wenn es mit erholsamem Schlaf vorbei ist?
Dann zeigt sich: Wir kämpfen nicht länger gegen etwas im Außen, sondern der Kampf ist in uns. Der Versuch, uns noch mehr zu konzentrieren, verstärkt den Kampf nur. Besser wir finden heraus, was da in uns ist, das gehört und integriert werden möchte.

Wenn es einen Satz gibt, den ich bei meiner Arbeit mit Führungskräften in letzter Zeit häufiger höre, dann ist es dieser hier: »Ich komme nicht mehr zur Ruhe.« Manchmal lautet er auch: »Ich kann nicht mehr schlafen.« Hake ich nach, was sich da genau abspielt, dann ist der Grund oft derselbe: Das Denken hört einfach nicht mehr auf! Der Knopf, um das Gedankenkreisen mal abzustellen oder zumindest leiser zu drehen, ist unauffindbar. Und je intensiver man sucht, desto lauter wird das Stimmengewirr im Kopf. Es verunsichert einen vor wichtigen Terminen, lässt einen in Gesprächen mit Mitarbeitenden nicht die richtigen Worte finden und scheint überhaupt nur darauf aus zu sein, einen auf der ganzen Linie zu schwächen. Sobald mir jemand davon erzählt, erinnere ich mich, dass es bei mir früher genauso war. Ich weiß, wie sich so etwas anfühlt. Wie man sich nachts hin und her wälzt, dann aufsteht, sich nach einer gewissen Zeit wieder hinlegt und schließlich, immer noch hellwach und in Gedanken beim selben Thema, überlegt, was man einnehmen könnte, um endlich einzuschlafen. So ist es nicht bei allen die ganze Zeit. Aber dieses ständige Durchkauen von Dingen im Kopf, ohne mit ihnen abschließen zu können, kennt fast jeder. Es kann wie eine Plage sein und kostet auf Dauer unendlich viel Kraft.

Einige versuchen, Gründe für ihre innere Unruhe zu finden. Sie stoßen dabei auf Stressfaktoren, die sie abstellen wollen. Vielleicht läuft da in einem Projekt schon lange etwas schief und es bräuchte dringend einen Neustart? Oder ein Mitarbeiter macht so viel Ärger, dass man sich von ihm besser trennt? Diese äußere Ursachenforschung hat dummerweise oft den Effekt, das Gedankenkarussell erst recht in Schwung zu bringen. Aktionismus und vermeintliche Befreiungsschläge bringen meist auch nicht den gewünschten Erfolg. Dafür stellen sich neue Fragen: Hatte ich früher nicht auch Stress? Gab es nicht immer schon schwierige Situationen? Und habe ich nicht schon viel größere Herausforderungen gemeistert und konnte dabei trotzdem gut schlafen? Oder jedenfalls besser als heute?

Andere machen sich gar nicht erst so viele Gedanken über die Ursachen ihrer inneren Unruhe. Sie suchen direkt nach der passenden Methode, um zur Ruhe zu kommen. Da ist das Angebot heute groß, und es gibt viel, das sich ausprobieren lässt, von der geführten Fantasiereise über Yoga bis hin zu diversen fernöstlichen Meditationstechniken. Beliebt ist auch der Versuch, sich beim Sport so sehr auszupowern, dass man anschließend erschöpft ins Bett fällt und direkt einschläft. Oft mit dem Ergebnis, dass das folgende Gedankenkreisen aufgrund der körperlichen Erschöpfung noch unangenehmer ist als sonst.

Spätestens an solch einem Punkt könnte ich erkennen, dass meine innere Unruhe, mein Gedankenkreisen und meine Schlaflosigkeit nur *Symptome* sind und nicht mein eigentliches Problem. In unserer Gesellschaft lernen wir allerdings früh, Symptome zu unterdrücken, damit wir weiter funktionieren. Wir stehen unter Druck und haben deshalb scheinbar keine andere Wahl. Warum also mit einer Erkältung im Bett bleiben, um sie auszukurieren, wenn es doch ein Medikament gibt, das die Beschwerden lindert und einen leistungsfähig hält? Was bei körperlichen Symptomen schon oft fragwürdig ist, kann bei seelischen Themen langfristig nicht funktionieren. Wenn ich sage, ich will dieses ständige Grübeln loswerden, will nicht mehr alles endlos durchkauen oder permanent an mir zweifeln, dann gehe ich in einen Kampf mit mir selbst. Denn das, was da in mir grübelt, was zweifelt, Fragen aufwirft oder mir Angst macht, bin ich ja selbst! Es sind eigene innere Anteile, die ich im Moment nicht haben will. Aber sie möchten gesehen und gehört werden und lassen einfach nicht locker.

Deshalb ist es so wichtig, nicht wegzuschauen und nichts wegzudrücken, sondern im Gegenteil mit der Aufmerksamkeit tiefer in das hineinzugehen, was sich in meinem Inneren abspielt. Ein indischer Yogi könnte uns Menschen im Westen sicher erklären, warum wir unsere innere Unruhe nicht wegmeditieren können: Wenn ich etwas in mir weghaben will, dann bin ich im Kampf mit mir selbst und komme gar nicht erst in die Stille. Dieses Dilemma machen wir uns nie klar, auch wenn wir noch so viele Meditationsvideos anschauen und Schweigeseminare buchen. Damit mich hier niemand missversteht: Wer ausprobieren möchte, was Meditation, Yoga oder Entspannungstechniken ihm bringen, soll das tun. Ich habe lediglich noch nie erlebt, dass verdrängte innere Konflikte sich dadurch plötzlich in Luft aufgelöst hätten. Sehen wir uns also vielleicht einmal an, wie es in unseren Köpfen heute aussieht und welche Wege es gibt, um mit sich selbst und all seinen inneren Anteilen tatsächlich Frieden zu schließen.

Warum Fokussierung und Willenskraft allein nicht reichen

Elitesoldaten und Spitzensportler betreiben intensives Mentaltraining, um im entscheidenden Moment funktionieren zu können. Sie benötigen einen absoluten inneren Fokus und dürfen keinen störenden Gedanken und keine Ablenkung zulassen. Mithilfe von Visualisierungen spielen sie Situationen so lange immer wieder durch, bis sie das zielführende Verhalten jederzeit abrufen können. Was bei einem militärischen Einsatz oder einem olympischen Wettkampf hervorragend klappt, trägt allerdings nicht durch ein ganzes Leben. Nicht einmal eine längere Strecke unseres beruflichen Alltags bewältigen wir mit Fokus und Willen allein. Warum ist es unter Führungskräften trotzdem so populär geworden, Zielbilder zu visualisieren oder sich mit Affirmationen auf das einzuschwören, was man gerade erreichen möchte? Weil es einfache und schnelle Lösungen für den Führungsalltag verspricht. Führung ist extrem komplex, und wir stehen alle mehr oder weniger unter Druck. Da ist es zunächst einmal verständlich, wenn Fokussierung und Willensstärke betont werden. Vielleicht haben wir damit ja auch Erfolge im Sinne der Zielerreichung. Problematisch wird die Sache erst, sobald es zu einseitig in Richtung Fokus und Willenskraft geht. Und das passiert schnell.

»Ich darf mir keine Zweifel erlauben«, höre ich im Einzelcoaching immer wieder von Führungskräften. Oder: »Angst kann ich jetzt überhaupt nicht gebrauchen.« Aber auch: »Wenn ich in diesem Unternehmen bleiben und weiter Karriere machen will, dann muss ich stark genug sein, um zu kämpfen.« Infolge solch einer Einstellung unterdrücken wir Zweifel, Ängste und Befürchtungen. Da regt sich etwas in unserem Inneren, da will sich eine Stimme im Kopf Gehör verschaffen, eine sorgenvolle vielleicht oder eine ängstliche, und wir sträuben uns dagegen: »Nein, das will ich jetzt nicht! Fokus halten und Augen geradeaus auf das Ziel!« Klar ist unser Wille erst einmal stärker. Wir können die unerwünschten Gedanken und Emotionen wegwischen wie Figuren von einem Schachbrett. Aber wie in einem schlechten Film kommen sie immer wieder zurück und stellen sich auf ihre ursprünglichen Positionen. Das Spiel lässt sich eine Zeit lang weitertreiben, doch dann sind wir schon mitten im Kampf. Irgendwann beginnt das belastende Hin und Her zwischen körperlichen Symptomen und inneren Dialogen. Wir können uns nicht mehr entspannen und nicht mehr gut schlafen. Das Gedankenkarussell dreht sich schneller und schneller.

An dieser Stelle ist es mir wichtig zu betonen, dass all dies nichts mit dem Selbstbild eines Menschen zu tun hat. Es ist nicht so, dass sich die Personen, mit denen ich arbeite, innerlich eigentlich schwach oder ihren Aufgaben nicht gewachsen fühlen. Vielmehr glauben sie, dass sie sich Schwäche nicht leisten können. Zwar höre ich insbesondere von Frauen manchmal, dass sie an sich zweifeln und öfter glauben, nicht gut genug zu sein. Wenn zweifelnde oder ängstliche Stimmen im Kopf die Oberhand gewinnen, ist das jedoch bereits die Folge eines inneren Kampfes. In einem guten inneren Zustand käme der Zweifel gar nicht auf. Typischerweise passiert aber dies: Wir glauben, uns in einer Situation zu befinden, in der wir stark sein und uns behaupten müssen, ob wir wollen oder nicht. Dabei ist es egal, ob es nun der Kampfplatz Karriere, der Kampfplatz System, der Kampfplatz Mitarbeitende und so weiter ist. Wir sehen Ängste, Zweifel und Befürchtungen als etwas, das wir nicht gebrauchen können. Weil wir stark sein wollen, möchten wir keine schwachen inneren Anteile zulassen. Wir merken nicht, dass wir uns erst dadurch so richtig schwächen, dass wir diese Anteile abspalten und unterdrücken.

Genau dazu lädt uns der Zeitgeist jedoch geradezu ein. Im Zeichen der Selbstoptimierung glauben wir, sämtliche Stolpersteine auf dem Weg zu unseren hoch gesteckten Zielen wegräumen zu können. Positives Denken ist angesagt! Wenn ich lange genug affirmiere, dass ich angstfrei und stark bin, dann schaffe ich es vielleicht, mich mental entsprechend umzuprogrammieren. Ich will hier gar nicht darüber theoretisieren, inwieweit so etwas funktioniert oder nicht. Fakt ist, dass mir immer wieder Menschen gegenübersitzen, die sagen: »Ich kriege sie einfach nicht weg, diese negativen Gedanken, Ängste und Zweifel. Ich habe schon so viel versucht, aber sie kommen immer wieder.« Nach meiner Einschätzung muss auch immer wieder zurückkommen, wogegen ich ankämpfe. Mehr noch: Es meldet sich deshalb immer wieder, weil es gesehen und gewürdigt werden möchte. Weil es Teil von mir ist und genauso wenig abgetrennt werden will wie meine Arme und Beine. Deshalb liegt die Lösung auch nicht im Kämpfen, sondern im Annehmen. Aber wie mache ich das konkret?

Wie wir den Mitgliedern unseres inneren Teams begegnen

Es gibt eine ganze Reihe tief wirksamer Methoden, um sich unerwünschte innere Anteile bewusst zu machen und diese schließlich zu integrieren. Bei diesen Anteilen kann es sich um bestimmte Gedanken handeln, um wiederkehrende Emotionen oder auch um verdrängte Erlebnisse der Vergangenheit. Manche Methoden setzen auf meditative Zustände, andere auf Visualisierungen und wieder andere auf das Gespräch mit sich selbst. Am besten probiert man einfach einmal aus, was für einen passt. Als ich vor vielen Jahren das Konzept des Inneren Teams von Friedemann Schulz von Thun kennengelernt habe, war ich davon begeistert. Als Technik wende ich das Innere Team bis heute regelmäßig bei mir selbst an. Außerdem arbeite ich damit auch gern in meinen Trainings und Coachings im Bereich Spitzensport und Politik. Nach meiner Erfahrung passt dieses Modell auch sehr gut in den Führungsalltag. Die Grundannahme lautet, dass wir immer zwei Teams gleichzeitig führen: ein äußeres Team aus Mitarbeitenden und ein inneres Team aus unterschiedlichen Anteilen unserer Persönlichkeit. Genau wie das äußere Team ist sich auch das innere Team nicht immer einig. Es hängt von der Qualität unserer Führung ab, ob wir am Ende zielgerichtetes Handeln erleben oder Chaos.

Während das äußere Team real ist und aus lebendigen Menschen besteht, ist das innere Team nur eine Metapher. Aber was heißt hier eigentlich »nur«? Selbst wenn einige es am Anfang etwas spukhaft finden, inneren Anteilen Namen zu geben, sie sich wie Menschen vorzustellen und sogar mit ihnen zu sprechen, so ist das doch verblüffend wirksam. Ich rate dazu, nicht allzu viel darüber nachzudenken, sondern es lieber einmal auszuprobieren. Trotzdem hier im Buch zunächst zwei, drei Sätze zur Einordnung: Die Gestalten meines inneren Teams repräsentieren zu einem gewissen Teil diejenigen Anteile in mir, die nicht genügend Aufmerksamkeit bekommen und sich deshalb in Form von negativen Gedanken und schließlich innerer Unruhe bei mir melden. Das ist eigentlich genau wie im äußeren Team: Sobald ich eine Mitarbeiterin nicht mehr beachte und ihr keine Wertschätzung mehr zeige, macht diese auf sich aufmerksam. Sie geht ins rebellische Kind-Ich, stört mich, ärgert mich oder sabotiert sogar. Wenn ich dieses Verhalten jetzt autoritär unterdrücke, verstärke ich es nur noch. Erst wenn ich auf die Mitarbeiterin zugehe, mit ihr ins Gespräch komme und sie somit wieder »sehe«, entspannt sich die Situation.

Als Anführer oder Anführerin unseres inneren Teams können wir schauen, welche Teammitglieder es da gibt, die wir möglicherweise nicht so sehr mögen oder zu wenig beachten. Vielleicht gibt es aber auch Teammitglieder, die zu viel Einfluss haben und dadurch andere, ebenfalls wichtige Mitglieder häufig verdrängen. Angenommen, ich bin sehr darauf fixiert, alles richtig zu machen, am liebsten perfekt. Dann hat dieser perfektionistische Anteil in mir möglicherweise die Oberhand gegenüber Anteilen, die möchten, dass ich mich entspanne und genügend auf meine Bedürfnisse eingehe. Dem perfektionistischen Anteil gebe ich jetzt einen Namen, sagen wir einmal: Mr. Perfect. Wenn ich möchte, dann gebe ich ihm auch ein Aussehen. Ich kann ihn realistisch zeichnen oder aus ihm eine Comicfigur machen. Ich könnte auch im Internet nach dem Bild eines Schauspielers suchen, der so aussieht, wie ich mir meinen Mr. Perfect vorstelle. Die Visualisierung ist allerdings nicht so entscheidend. Wichtiger ist, dem Teammitglied einen Schlüsselsatz oder mehrere Schlüsselsätze in den Mund zu legen. Mr. Perfect sagt also zum Beispiel: »Gib dir mehr Mühe!« Oder: »Leiste dir keine Fehler!« Der Schlüsselsatz wird oft eine Aufforderung sein, das ist aber nicht zwingend.

An diesem Punkt habe ich intuitiv eine Vorstellung von dem inneren Anteil, der gemeint ist. Das ist also diese innere Stimme, die mich immer weiter antreibt, wenn ich eigentlich mal Pause machen und mir was gönnen möchte! Als Chef oder Chefin meines inneren Teams kann ich jetzt mit Mr. Perfect das Gespräch suchen. Meine Grundannahme ist dabei, dass jeder innere Anteil eine positive Rolle hat und es grundsätzlich gut mit mir meint. Also sage ich zum Beispiel zu Mr. Perfect: »Danke, dass dir meine Leistung so wichtig ist. Du hast großen Anteil an meinem beruflichen Erfolg. Du willst mich auch immer vor Schaden bewahren, den ich durch eigene Fehler erleiden könnte. Gleichzeitig brauche ich im Moment eine Pause, damit ich gut weitermachen kann.« In diesem Augenblick bemerke ich vielleicht ein weiteres Mitglied meines inneren Teams, das ich bisher übersehen habe. Ich nenne dieses Teammitglied hier einmal Big Mama. Sie will, dass es mir immer gut geht und ich mich wohlfühle. Aber sie ist auch ein bisschen beleidigt, weil ich so selten auf sie höre und viel lieber auf Mr. Perfect, für den es nie genug ist.

Also spreche ich in einem inneren Dialog jetzt auch wertschätzend mit Big Mama. Ich sage ihr: »Du willst immer, dass es mir und allen anderen gut geht, auch meiner Familie. Danke dafür, darüber freue ich mich. In der letzten Zeit habe ich oft nicht auf dich gehört, aber jetzt möchte ich wirklich deinem Rat folgen.« Das Ganze kann jetzt noch ein paar Mal hin und her gehen, wenn zum Beispiel Mr. Perfect erst einmal widerspricht, weil er sich nicht so leicht entmachten lassen will. Möglicherweise melden sich auch noch andere Mitglieder meines inneren Teams zu Wort. Da schießt mir dann etwa noch ein ganz anderer Gedanke durch den Kopf, und ich frage mich: »Von wem könnte dieser Satz jetzt stammen?« Das Ergebnis solcher inneren Dialoge ist am Ende mehr innere Ruhe und Balance sowie meistens auch eine Entscheidung für einen nächsten konkreten Schritt. Diese Entscheidung treffe ich als Chef oder Chefin des inneren Teams, nachdem alle Teammitglieder ausreden durften.

Wie innere Teamentwicklung vernachlässigte Anteile integriert

Mit der Metapher des inneren Teams machen wir im Grunde nur unsere eigenen Gedanken sichtbar. Wir finden Bilder und Sätze für das, was sich ohnehin die ganze Zeit in unserem Kopf abspielt. Statt uns aber passiv und hilflos in einem Gedankenkarussell zu erleben, werden wir aktiv, nehmen das Heft selbst in die Hand und geben dem Stimmengewirr im Kopf eine Struktur. Dabei akzeptieren und begrüßen wir sämtliche Gedanken, die hochkommen. Auch die unangenehmen, ängstlichen oder kritischen. Auch Gedanken, die uns sonst vor uns selbst peinlich wären oder die wir als kindisch oder feige bewerten würden. Wir bewerten jetzt gar nichts mehr, sondern geben sämtlichen Anteilen eine Rolle im Team und lassen sie zu Wort kommen. Es kann gut sein, dass wir am Ende nicht auf jedes Teammitglied hören werden. Aber zunächst einmal hat jedes noch so skurrile oder auch beängstigende Teammitglied das Recht, gesehen und gehört zu werden. So kommen wir schrittweise auch mit inneren Anteilen in Kontakt, die wir normalerweise ausblenden und wegdrängen. Wir sehen sie jetzt nicht nur, sondern wissen, dass sie ein berechtigtes Anliegen und eine Botschaft für uns haben. Sie alle wollen uns helfen, selbst wenn wir das auf den ersten Blick nicht immer erkennen. Einfach weil es sie gibt, weil sie Teil von uns sind, haben sie auch ihr Gutes. Mit dem Psychologen C. G. Jung könnte man sogar sagen, dass wir ohne diese »Schatten« nicht vollständig sind.

Wie viele Mitglieder umfasst nun ein typisches inneres Team? Das ist sehr unterschiedlich. Beim Beginn der Arbeit mit dem Modell kommt meist schnell eine Handvoll prominenter Teammitglieder zum Vorschein. Sie drängen sich geradezu ins Rampenlicht. So ein Mr. Perfect zum Beispiel dürfte vielen von uns vertraut vorkommen. Da könnte aber auch der General sein, der alles strategisch durchplant – eben »generalstabsmäßig« – und dann darauf besteht, dass ein Plan mit äußerster Disziplin durchgeführt wird. Sein Motto, ganz preußisch: »Dienst ist Dienst und Schnaps ist Schnaps.« Also bitte keine Ablenkungen und keine Mätzchen während der Arbeit! Oder es gibt Mr. Seriöso, der mir sagt: »Sei bitte professionell! Ich erwarte von dir jederzeit ein angemessenes Niveau und ein tadelloses Auftreten.« Prompt treten Gegenspieler auf den Plan: andere Teammitglieder, die mit der einseitigen Ausrichtung auf Perfektion, Disziplin oder Seriosität nicht einverstanden sind. Vielleicht ist das Mr. Smooth, der sagt: »Komm, jetzt entspann dich mal und nimm die Dinge etwas lockerer! Sorge dafür, dass es hier genug zu lachen gibt, dann läuft die Arbeit gleich viel besser.« Den meisten Menschen sind drei bis vier Mitglieder ihres inneren Teams sehr präsent. Sie bekommen recht schnell Namen, und ihre charakteristischen Stimmen sind leicht wiedererkennbar.

Nach einer Zeit kommen dann vielleicht noch weitere Teammitglieder hinzu. Möglicherweise hatten wir die erst gar nicht auf dem Schirm. Oder es sind tatsächlich »Schattengestalten«, die wir lieber nicht im Team hätten. Wir müssen uns erst daran gewöhnen, dass es sie gibt. Wir brauchen eine Weile, um zu verstehen, was ihre Botschaft ist und wie sie uns helfen wollen. Eine Frau erzählte einmal von einem Mitglied ihres inneren Teams namens Monkey, der wie ein aufgeregtes kleines Äffchen herumschreit und scheinbar nur darauf aus ist, sie zu verunsichern und ihr Selbstvertrauen zu sabotieren. Aber welche Aufgabe könnte Monkey haben? Welche positive Botschaft? Vielleicht sehen wir in unserem Team auch ein ängstliches Kind und denken: »Was will dieses Kind denn hier unter lauter Erwachsenen!?« Doch alle, die im Team sind, haben auch das Recht dazu und spielen eine positive Rolle. Wir müssen nur herausfinden, welche Rolle das jeweils ist. Dazu sollten wir offen sein und dem Teammitglied im inneren Dialog zuhören. Vielleicht wollen wir eigentlich keinen Mr. Ungeduld und erst recht keinen Krieger im Team, weil wir uns selbst als eher geduldig, sanft und konsensorientiert sehen. Aber vielleicht übertreiben wir es damit auch manchmal?

Sobald wir unser inneres Team kennengelernt haben, können wir als dessen Chef oder Chefin im nächsten Schritt lernen, die »Teamsitzungen« zielführend zu gestalten und auch mögliche Konflikte zu lösen. Ganz so, wie wir das bei unserem äußeren Team machen würden. Dann fragen wir uns zum Beispiel, wer im inneren Team mit wem ein Problem haben könnte oder sogar schon im Streit liegt. Und wir überlegen uns auch: Mit wem habe *ich* denn ein Problem? Und wer ist mir vielleicht umgekehrt etwas zu sympathisch, sodass ich ihn einseitig bevorzuge? Dann gebe ich dem einen Teammitglied im inneren Dialog vielleicht mehr Wertschätzung, während ich ein anderes Mitglied sanft in die Schranken weise. Vielleicht gibt es da auch noch »rebellische Kinder«, ganz wie im realen Leben? Ich mache mir klar, dass sie um Aufmerksamkeit kämpfen und mich nicht in Ruhe lassen werden, bis ich ihnen genug Zuwendung schenke.

Im folgenden Schritt beginne ich dann vielleicht eine regelrechte »innere Teamentwicklung«: Ich kenne die positiven Funktionen der meisten meiner Teammitglieder und integriere diese inneren Anteile mehr und mehr. Statt dass »es« ständig in mir denkt und ein Gedanke den nächsten jagt, bis hin zum Gedankenkreisen, gewinne ich mit der Zeit eine gewisse Meisterschaft über meine Gedanken. In letzter Konsequenz liegt das dann nicht an dem Modell des inneren Teams, sondern daran, dass ich meine eigenen Gedanken beobachte und annehme, ohne sie abzuwerten. Das Modell ist lediglich ein probates Hilfsmittel dazu.

Ein neuer Umgang mit äußeren Herausforderungen

Das Spannende an innerer Entwicklung ist, dass sich mit der Zeit auch im Außen etwas verändert. Sobald ich den »Kampfplatz Ich« befriede und erkenne, dass der »Feind« in meinem Kopf nicht nur untrennbar zu mir gehört, sondern sogar nützlich für mich ist und mir helfen will, ändert sich auch in meinem Umfeld etwas. Das Äußere ist stets ein Spiegel des Inneren. Das ist keine Mystik, sondern lässt sich ganz rational erklären: Sobald ich zum Beispiel annehmen kann, dass ich einen inneren Krieger habe, der darauf bedacht ist, dass ich meinen Weg gehe, mich von den Meinungen anderer nicht zu sehr abhängig mache und mich, wenn nötig, auch mal durchsetze, werden mich dominant auftretende Menschen in meinem Umfeld weniger stören. Ich sehe jetzt die positive Absicht hinter ihrem Verhalten, denn ich kenne dieses »kriegerische« Element auch in meinem Inneren und akzeptiere es. Die entsprechenden Menschen spüren bald, dass ich sie mit anderen Augen sehe. Da ich ihnen gegenüber nun weniger kritisch eingestellt bin, verhalten sie sich mir gegenüber auch weniger feindselig. Handelt es sich hier um ein Mitglied meines äußeren Teams, dann kann ich ihm sogar die Chance geben, noch besser seine Rolle zu spielen. Im genannten Beispiel wird er vielleicht dafür sorgen, dass wir als Team bei unserer Linie bleiben und uns durch Kritik von außen nicht verunsichern lassen.

Je mehr Aufmerksamkeit wir als Führungskräfte unserem eigenen Innern schenken, desto mehr verändert sich auch unsere Perspektive auf andere Personen im System. Wir lernen, das Verhalten von der Absicht zu trennen. Es kann sein, dass ein bestimmtes Verhalten einer Person bei uns »Knöpfe drückt« und wir normalerweise direkt negativ darauf reagieren würden. Es ist reine Trainingssache, jetzt erst einmal abzuwarten und die Situation zu beobachten. Vielleicht erinnert mich das Verhalten der Person lediglich an ein Mitglied meines inneren Teams, mit dem ich noch nicht vollständig im Frieden bin. Das Verhalten berührt also einen Schattenaspekt in mir. Wenn das so ist, dann muss die andere Person überhaupt keine böse Absicht haben. Selbst dann nicht, wenn es mir so vorkommt. Und weil das so ist, unterstelle ich lieber keinem Menschen in keiner Situation eine böse Absicht. Es kann sein, dass der Auftritt einer anderen Person ungeschickt ist, sich jemand in der Wortwahl vergreift oder kein Gespür dafür zeigt, dass gerade nicht der geeignete Zeitpunkt für ein bestimmtes Thema ist. Ich gehe trotzdem stets davon aus, dass es da irgendwo eine positive Absicht gibt, denn Menschen tun nichts ohne guten Grund. Ich weiß von mir selbst, dass sich mein inneres Team nicht immer diszipliniert verhält und auch Dinge tut, die mir erst mal gegen den Strich gehen. Da quatscht mir zum Beispiel mein Nörgler immer dazwischen. Oder mein ängstliches Kind macht ausgerechnet in dem Moment auf sich aufmerksam, in dem ich nach außen Stärke demonstrieren will.

Je verständnisvoller wir gegenüber unseren eigenen inneren Anteilen sind, desto mehr Verständnis entwickeln wir ganz automatisch auch gegenüber anderen Menschen. Das heißt nicht, stets mit allem einverstanden zu sein. Ich kann etwas auch verstehen, ohne damit einverstanden zu sein. Ich kann sogar bewusst darauf verzichten, etwas verstehen zu wollen, und es trotzdem gelten lassen. Das ist souverän. Damit steige ich noch mehr aus dem Kampf aus und entwickle Gelassenheit. Ich darf mir jetzt immer noch wünschen, dass bestimmte Dinge anders sind oder Mitarbeitende sich anders verhalten. Aber da ist nicht mehr dieser Druck, immer sofort eingreifen und alles unter Kontrolle behalten zu müssen. Ich kann auch erst einmal abwarten und beobachten, wie sich die Dinge entwickeln.

Selbst im Hinblick auf mein inneres Team brauche ich mich nicht unter Druck zu setzen. Wenn mich dieses Modell anspricht, dann kann ich eine Zeit lang damit arbeiten. Ich kann dadurch bisher abgelehnte innere Anteile annehmen und so den Unfrieden in meinem Kopf ein Stück weit beenden. Ich komme innerlich mehr zur Ruhe. Danach lasse ich dieses Modell vielleicht auch wieder los. Es besteht überhaupt kein Zwang, hier schon wieder etwas zu einem Erfolgsinstrument oder einer täglichen Routine zu machen. Ich kann auch einfach abwarten, was das Leben mir als Nächstes präsentiert. Vielleicht wird die Arbeit mit meinem inneren Team aber auch zu etwas, das mich über einen längeren Zeitraum, möglicherweise sogar viele Jahre begleitet. Es kann sein, dass dann immer mal wieder neue Teammitglieder hinzukommen, mit denen ich früher nicht gerechnet hätte. Oder ich schicke altgediente Teammitglieder in Rente, weil ich sie jetzt einfach nicht mehr brauche. Ich weiß dann zum Beispiel, dass ich keine halben Sachen mache, und benötige keinen Mr. Perfect, der mich ständig daran erinnert, mir ausreichend Mühe zu geben. Auch in einer neuen Lebensphase oder nach dem Wechsel in ein anderes Umfeld kann sich das innere Team neu gruppieren. Das Äußere ist stets ein Spiegel des Inneren – aber das gilt umgekehrt auch: Wenn ich offen und neugierig bleibe und mich auf das Leben einlasse, dann werden neue und ungewohnte Lebenssituationen es immer auch erfordern, mich innerlich zu verändern.

Wenn es nicht länger nötig ist, perfekt zu sein

Können wir uns mit unserem Inneren vollkommen aussöhnen, vollständigen inneren Frieden finden und mit unserem Umfeld in reiner Harmonie leben? Das ist zugegebenermaßen eine philosophische Frage. Vielleicht ist es möglich, aber ich würde es lieber nicht zu krampfhaft versuchen. Die Gefahr ist nämlich groß, dadurch zurück in den Kampf zu kommen. Sobald ich etwas unbedingt erreichen will, fehlt es mir schon wieder an Gelassenheit. Wir haben heute eine kaum noch überschaubare Fülle von Angeboten zur Persönlichkeitsentwicklung. Das ist einerseits ein Segen, weil Menschen unterschiedlich sind und so praktisch für jeden etwas dabei ist. Andererseits ist es aber auch eine große Falle. Wenn es immer noch eine Technik gibt, die ich noch nicht kenne, oder ein Retreat, bei dem ich noch nicht war, dann habe ich schnell wieder das Gefühl, dass mir etwas fehlt. Dann kämpfe ich bald wieder darum, besser zu werden. Möglichst perfekt. Der spirituelle Lehrer Osho lachte über all die Menschen aus der westlichen Welt, die sich zum Ziel gesetzt hatten, erleuchtet zu werden. Aus seiner Sicht gab es kein Ziel – nur Bewusstheit, Loslassen, Akzeptanz.

Sind wir bereit zu akzeptieren, dass es Grenzen gibt? Dass wir nie alles aus uns machen werden, was wir aus uns machen könnten? Dass wir Menschen sind und unsere Schwächen zu unserem Menschsein dazugehören? Ich persönlich beschäftige mich nun schon seit Jahren mit meinem inneren Team. Ich habe unbekannte Seiten an mir entdeckt und integriert. Ich hoffe auch, geduldiger mit anderen Menschen geworden zu sein. Aber ich weiß trotzdem, wie schnell ich an meine Grenzen stoße. Wenn mein Nachbar am Sonntagmorgen zur Frühstückszeit meint, mit der Kreissäge Holz zerkleinern zu müssen, dann reagiere ich erst einmal überhaupt nicht verständnisvoll! Und da reden wir ja nur von Banalitäten. Manchmal erzählen mir Menschen im Coaching, dass sie schon einmal Opfer von Gewalt oder Missbrauch waren. Da bleibt mir oft auch erst einmal die Luft weg. Ich sage dann nicht, dass der Täter schon seine guten Gründe gehabt haben wird. Genauso wenig gehe ich hin und stelle das Konzept von Gut und Böse infrage, obwohl das auf einer spirituellen Ebene vielleicht möglich wäre. Ich erlaube mir, Mensch zu bleiben.

Sobald wir Grenzen akzeptieren, können wir uns auf einem Weg begreifen, auf einer Reise. Dann erkennen wir, dass es manchmal erst Vergebung braucht, um in den Frieden zu kommen. Und dass es ein anderes Mal helfen kann, nicht alles ganz so ernst zu nehmen. So können wir auch mal schmunzeln über all die Kämpfe, die wir nicht allein auf der Bühne des Lebens, sondern auch in unserem Inneren austragen. Wir sehen vielleicht auch, dass es oft mehr ums Üben und ums Lernen geht als ums Können und Anwenden. Es ist egal, wenn eine Entwicklung mal länger dauert. Es ist okay, wenn ich immer wieder mit denselben Themen konfrontiert werde oder immer wieder ähnlichen Menschen begegne, die ich in meinem Leben eigentlich nicht haben will. Irgendwann geht auch das vorbei. Bloß bestimme nicht ich den Zeitpunkt, sondern das Leben. Je mehr ich mich darauf einlassen kann, dass alles seinen Rhythmus hat und jede Entwicklung ihre Zeit braucht, desto weniger bin ich im Kampf. Je mehr Geduld ich habe und je weniger ich alles verstehen muss, was geschieht, desto mehr kann ich neugierig sein, was als Nächstes geschieht. Dann bin ich nicht immer nur der Macher, sondern auch mal der Beobachter. Dann bin ich jederzeit bereit, Neues auszuprobieren, und gleichzeitig im Frieden mit allem – so, wie es im Augenblick ist.

Übung: Der innere Dialog

Lassen Sie uns gemäß dem Modell von Schulz von Thun einmal in unsere Gedankenwelt eintauchen. Nehmen Sie sich dafür die Zeit einer »stillen Stunde«, suchen Sie sich einen ruhigen Ort, an dem Sie sich gern aufhalten, und denken Sie zurück an einen stressigen Arbeitstag:

1. **Welche Gedanken gingen mir durch den Kopf? (Schreiben Sie Ihre Gedanken unsortiert einfach nieder.)**

2. **Welche Gedanken, Zielstellungen, Ansprüche oder inneren Aufforderungen machen mir in solchen Momenten das Leben schwerer?**

3. **Welche »inneren Stimmen« oder Argumente beruhigen mich in solchen Momenten?**

4. **Wenn ich diesen positiven und negativen Gedanken und »inneren Stimmen« jeweils eine Figur zuordnen würde, wie würde diese aussehen und heißen?**

5. **Wie lautet die Kernaussage dieses »inneren Teammitgliedes«?**

Haben Sie Geduld und bleiben Sie offen dafür, dass sich immer mehr Gedanken und damit noch mehr innere Teammitglieder zeigen können. Gehen Sie regelmäßig in einen Prozess der inneren Teamentwicklung:

1. **Suchen Sie die positive Funktion eines jeden inneren Teammitglieds, auch und vor allem von denen, die Sie stressen!**

2. **Bedenken Sie, dass Sie keinem inneren Teammitglied kündigen können!**

3. **Beginnen Sie einen inneren Dialog, suchen Sie sich einen ungestörten Ort und führen Sie regelmäßig Selbstgespräche mit Ihren inneren Teammitgliedern!**

4. **Würdigen Sie jedes Teammitglied für deren positive Funktion und bitten Sie es um Unterstützung!**

5. **Identifizieren Sie innere Teamkonflikte, würdigen Sie jede Konfliktpartei und finden Sie gemeinsame Zielstellungen und Lösungen zur inneren Befriedung!**

Vielleicht fühlt es sich am Anfang ungewohnt oder sogar etwas verrückt an, Selbstgespräche mit sogenannten »inneren Teammitgliedern« zu führen. Probieren Sie es aber bitte aus, und lassen Sie sich mittelfristig und vor allem langfristig von der positiven Wirkung überraschen!

KAMPFPLATZ MOTIVATION: ZUFRIEDENHEIT IST DAS ENDE

Motivation setzt unser Verhalten in Gang. Ohne genügend Motivation kämen wir nie ins Handeln. Aber ist es möglich, permanent motiviert zu sein? Der Zeitgeist gönnt uns heute keine Pausen mehr. Wer gerade unmotiviert ist, muss das schnellstens ändern. Stillstand ist verpönt. Leere ist beängstigend. Dabei läge die wahre Kraft in der Stille. Und Leere böte die Chance zu entdecken, was uns in der Tiefe wirklich antreibt und mit uns selbst und unserer Tätigkeit im Reinen sein lässt.

In Unternehmen scheint Motivation das Thema schlechthin zu sein. Seit ich für Keynotes gebucht werden kann – und das sind jetzt schon einige Jahre –, erhalte ich permanent Anfragen für Vorträge, die Führungskräfte und Mitarbeitende motivieren sollen. Höre ich mich im Kollegenkreis um, so berichten mir andere das Gleiche. »Haben Sie auch etwas zur Motivation?« oder »Können Sie den Vortrag so halten, dass er möglichst motivierend wirkt?«, lauten Standardfragen im ersten Gespräch. Es ist nicht einmal nötig, Motivation direkt zum Thema zu machen. Hauptsache, der Vortrag an sich wirkt auf die Zuhörer motivierend. Manchmal ist das Thema deshalb Nebensache, und die Person des Redners oder der Rednerin steht im Mittelpunkt. Egal, ob Olympiasieger oder Entrepreneurin im Börsen-Olymp – das Publikum will vor allem wissen: Wie schafft er das nur? Wie hält sie das durch? Wie motiviert man sich jeden Tag zu sowas? An den Antworten sollen und wollen wir uns ein Beispiel nehmen. Wir scheinen geradezu süchtig nach Motivation zu sein. Brauchen immer neuen Input. Unsere tägliche Dosis. Woran liegt das?

Ökonomisch glauben wir nicht nur an permanentes Wachstum, sondern wir sind sogar darauf angewiesen. Ohne immer neue Kredite, noch mehr Konsum und dadurch steigende Unternehmensgewinne würde das Wirtschaftssystem, das wir uns erschaffen haben, in relativ kurzer Zeit zusammenbrechen. Dieses System hat uns historisch nie dagewesenen Wohlstand beschert. Die meisten von uns genießen ihn, und da schließe ich mich selbst mit ein. Der Preis für all unseren Luxus ist der Zwang zu ununterbrochenem Wachstum. Es gibt kein Entrinnen. Wir müssen immer weiter, selbst wenn wir das gar nicht mehr wollen. Und weil wir nicht wollen, brauchen wir Motivation. Solange wir wollen, sind wir motiviert und denken über Motivation gar nicht nach. Erst wenn wir nicht mehr wollen, nicht mehr alles wollen oder alles nicht mehr ganz so schnell wollen – und trotzdem weiter müssen –, wird Motivation zum großen Thema. Wir befinden uns in einem Spannungsfeld, das wir nicht auflösen können: Die Früchte unseres Wirtschaftens möchten wir alle genießen. Aber die Art und Weise, wie sie erzeugt werden, bedeutet für uns immer öfter Stress.

Längst beherrscht der Wachstumszwang nicht mehr allein die Sphäre des Ökonomischen. Was der Soziologe Gerhard Schulze bereits in den 1990er-Jahren als »Steigerungsspiel« bezeichnete, ist zu einem gesamtgesellschaftlichen Phänomen geworden. Auf sämtlichen Ebenen unserer Lebenswirklichkeit erwarten wir die ständige Veränderung zum Besseren. Wenn es uns heute finanziell nicht deutlich besser geht als vor fünf Jahren, haben wir etwas falsch gemacht. Wenn unser Körper aus mehr Fett und weniger Muskelmasse besteht als noch im Jahr zuvor, haben wir zu wenig Sport getrieben und uns falsch ernährt. Wenn wir mit unserem heutigen Partner oder unserer heutigen Partnerin nicht glücklicher sind als mit dem oder der vorherigen, haben wir einen Fehler gemacht und sollten an Trennung denken. Wir haben dermaßen verinnerlicht, uns permanent mehr anstrengen, verbessern und noch mehr Mühe geben zu müssen, dass wir darüber selten oder nie nachdenken. Dabei berührt der Zwang zu ständigem Wachstum längst auch unser Innerstes. Permanente Selbstoptimierung erscheint fast als logische Folge der pausenlosen Steigerung in der Außenwelt.

So herrscht heute ein subtiler Druck, ständig »an sich zu arbeiten«. Das spüren Menschen in Führungsrollen besonders stark, aber es gilt für viele andere auch. Eigentlich betrifft es alle, die in unserer Gesellschaft Erfolg haben und etwas gelten möchten. Keiner darf mehr einfach so sein, wie er ist. Denn das würde bedeuten, sich nicht mehr zu entwickeln. Was eigentlich in unsere Jugendphase gehört – nämlich in kurzer Zeit zu wachsen, unsere Möglichkeiten auszuloten, einen Weg ins Leben zu finden und auch ein Stück weit in den Kampf zu ziehen, um unausweichliche Konflikte mit Erwachsenen auszutragen –, findet heute gar kein Ende mehr. Wir sind ständig unterwegs, aber wir kommen nirgendwo an. Wir kommen nicht einmal mehr zur Ruhe. Wenn wir zu gar nichts mehr Lust haben, dann klicken wir ein Motivationsvideo an. Permanent suchen wir etwas, das uns neu motiviert. Täglich müssen wir motiviert sein, koste es, was es wolle. So wird Motivation zu einem Kampfplatz.

Nicht Wachstum ist das Problem, sondern unsere Fixierung darauf

An dieser Stelle ließe sich einwenden, dass permanentes Wachstum doch in der Natur liege. Tun wir es nicht lediglich unserer natürlichen Umwelt gleich, indem wir ständig wachsen und uns entwickeln wollen? Nicht nur Ökonomen, sondern auch Motivationstrainer entdecken gerne die Natur, wenn es darum geht, den Zwang zu ständiger Weiterentwicklung als etwas völlig Selbstverständliches hinzustellen: Gibt es eine Pflanze, die irgendwann nicht mehr motiviert wäre zu wachsen? Möchte nicht jeder Baum so hoch wie möglich werden? Versucht nicht jede Tierart, ihre Population immer weiter zu vergrößern? Das alles ist nicht ernsthaft zu bestreiten.

Aber es ist nur die halbe Wahrheit. Die andere Hälfte handelt vom Verwelken und Vergehen, vom Absterben und schließlich Aussterben. Die eine Seite der Natur heißt Lebendigkeit und Wachstum, die andere Vergänglichkeit und Tod. Die Pflanzen und Tiere von vor ein paar Millionen Jahren sind heute Erdöl und bilden den Rohstoff für Benzin und Diesel. Ja, die Natur kennt Wachstum – aber kein permanentes Wachstum und schon gar keine unbegrenzte Ausdehnung. Natur, das sind Phasen, Zyklen, Rhythmen. Auf das Einatmen folgt das Ausatmen, auf den Tag folgt die Nacht, auf Frühling und Sommer der Herbst und Winter. Ist es nicht bezeichnend, dass wir den Winter, in dem die Natur ruht und vieles wie tot erscheint, immer schlechter aushalten? Dass wir uns dann am liebsten ins Flugzeug setzen und irgendwo landen möchten, wo schon wieder Frühling ist? Der Wunsch nach ewigem Frühling passt zum Wunsch nach ewiger Jugend und ständigem Wachstum.

Damit sind wir beim Kern des Problems und beim Auslöser des Kampfs: Weder Wachstum noch Entwicklung sind das Problem. Das Problem ist unsere einseitige Fixierung darauf. Auch Motivation an sich ist kein Problem. Es geht nicht darum, keine Motivation mehr zu haben. Aber die Erwartung, permanent motiviert zu sein, weil es ständig weitergehen muss, ist kein natürlicher, sondern ein vollkommen unnatürlicher Zustand.

Einmal angenommen, ich wache an einem düsteren Januarmorgen auf und fühle mich noch sehr müde. Das ist vollkommen natürlich, denn viele Säugetiere halten einen Winterschlaf und auch unsere Vorfahren waren im Winter alles andere als hyperaktiv. Eher rückten sie am Feuer unter Tierfellen zusammen und wärmten sich gegenseitig. Ich dagegen frage mich jetzt: »Was kann ich tun, um möglichst schnell wach zu werden? Wie kann ich auch an diesem dunklen Wintertag topfit und motiviert sein?« Weil ich es an jedem Tag sein will oder sein muss, kämpfe ich. Ich kämpfe um meine tägliche Motivation.

Wir erlauben uns heute nicht mehr, auch mal demotiviert zu sein. Geschweige denn, einmal nichts zu tun. Nicht zu arbeiten, sich nicht weiterzubilden, keinen Sport zu treiben, sich von nichts unterhalten zu lassen, sondern wirklich *nichts* zu tun. Und das nicht als Qual zu empfinden. Wenn ich mit Führungskräften im Einzelcoaching über dieses Thema spreche, dann höre ich häufig, dass sie es nicht schaffen, sich einmal irgendwo hinzusetzen und innezuhalten. Sie müssen ständig etwas zu tun haben. So werden nicht nur beruflich immer neue Projekte angefangen – häufig mehr, als sich überhaupt parallel bewältigen lassen –, sondern auch privat weitere Spielplätze eröffnet. Ist das eigene Haus fertig und vollständig eingerichtet, fängt man an, es umzubauen. Oder man verkauft es und kauft ein neues, nur um wieder ein privates Projekt zu haben. Ist Segeln langweilig geworden, entdeckt man Kitesurfen, um wieder etwas zu haben, bei dem man lernen und sich verbessern kann. Oder wie wäre es mit Business-Boxen, um mal ganz aus seiner Komfortzone herauszukommen? Die Fülle der Angebote, Neues auszuprobieren und sich selbst anders zu erfahren, ist kaum noch überschaubar.

Aber was, wenn mein Energielevel einmal absinkt oder mein Körper sich schlapp und ausgelaugt anfühlt? Dann lautet meine Frage nicht: »Wie kann ich Pause machen und mich mal richtig erholen?« Sondern sie lautet: »Wie kann ich mich neu motivieren?« Gegen Ende meiner Seminare für Führungskräfte ist es oft ein berührender Moment für die Teilnehmenden, wenn wir über Friedenschließen sprechen. Frieden zu schließen und mit dem einverstanden zu sein, was gerade im Augenblick geschieht, ist eine Möglichkeit des Umgangs mit Dingen, die ich nicht ändern kann. Die Alternativen lauten, dagegen anzukämpfen oder sich äußerlich anzupassen, aber innerlich im Unfrieden zu sein.

Bei diesem Thema beobachtete ich einmal, wie ein Geschäftsführer die Arme verschränkte und skeptisch dreinschaute. Als die anderen still wurden und über Friedenschließen reflektierten, platzte es aus ihm heraus: »Aber Herr Jahn, Zufriedenheit ist doch das Ende!«

Ich kann diese Einstellung verstehen und nachvollziehen, warum jemand weiter im Kampf bleiben möchte. Wir haben die freie Wahl, unsere Kämpfe zu beenden oder noch ein paar Runden im Ring zu bleiben. Gleichzeitig brachte dieser Satz für mich das Dilemma unserer Zeit auf den Punkt: Stehen zu bleiben, innezuhalten, Frieden zu schließen und auch einmal mit etwas zufrieden zu sein, gefährdet unseren Glauben an permanente Steigerung. Es ist beinahe ein ketzerischer Gedanke. Aber was, wenn es nicht nur möglich, sondern auch hilfreich wäre, Abstand zu gewinnen, Stillstand zuzulassen und Leere zu spüren? Was, wenn das sogar die wahre Quelle kraftvoller, neuer Motivation wäre?

Innehalten, um bei sich selbst anzukommen

In seinem Buch *Die Welt, in der wir leben* schreibt der Sozialwissenschaftler und Psychologe Wilfried Nelles über den Einbruch der Wirklichkeit in unsere jugendlichen Wunschwelten: Die Wirklichkeit zeigt uns Grenzen auf, sie »lehrt uns, was wir können und was nicht, was möglich ist und was nicht« (S. 214, Innenwelt Verlag GmbH, Köln, 2020). Der Glaube an unbegrenztes Wachstum, an Grenzen, die sich immer weiter verschieben lassen, und an die Möglichkeit immer neuer Rekorde entstammt für Nelles einer »jugendlichen Geisteshaltung« unter Erwachsenen. Unbegrenztes Wachstum als Illusion zu erkennen, ist folgerichtig einer der ersten Schritte zu wirklichem Erwachsensein. Das moderne Leben, so Nelles, sei zwar potenziell grenzenlos, faktisch jedoch nicht. Denn faktisch »setzen mir meine körperlichen und geistigen Fähigkeiten, meine Psyche wie meine Bedürfnisse und Interessen … ziemlich enge Grenzen« (S. 215, ebenda). Das geht sogar noch einen Schritt weiter: Sobald ich mich auf das Leben einlasse, ist nicht mehr alles möglich. Dann habe ich mein Spielfeld abgesteckt und mir selbst Grenzen gesetzt. Ich kann diese Grenzen zwar immer wieder aufbrechen, aber das bedeutet dann oft nichts anderes, als vor der Wirklichkeit davonzulaufen und sich aus der Verantwortung zu stehlen.

Mich haben diese Gedanken von Wilfried Nelles nicht nur vieles klarer sehen lassen, sondern ich empfinde sie auch als entlastend und befreiend. Sobald wir den Wunsch nach permanentem Wachstum und ständiger Selbstoptimierung als ebenso illusorisch durchschauen wie den Traum von ewiger Jugend, können wir durchatmen und zur Ruhe kommen. Wir können anfangen, innerlich wirklich erwachsen zu werden. Dann verliert es plötzlich seinen Schrecken, wenn wir feststellen, im Augenblick nicht motiviert zu sein. Wir leben dann nicht länger in einer Schwarz-Weiß-Welt aus motiviert oder unmotiviert, fit oder nicht fit, *on* oder *off* – sondern entdecken neu, dass das Leben einen Rhythmus hat und wir für ein gutes Leben Balance brauchen. Dann gönnen wir uns Pausen. Dann erkennen wir, wie wichtig es ist, ab und zu Abstand zu gewinnen, um in Ruhe auf die Dinge schauen zu können. Dann nehmen wir uns Zeit, um unsere Erfolge wirklich einmal genießen zu können, statt alles nur abzuhaken und zum nächsten Kampfplatz zu hetzen. Sobald wir uns auf einen erwachsenen Weg einlassen, einen Weg im Einklang mit der Natur und ihren Zyklen und Rhythmen, dürfen wir auch einmal Leere spüren. Wir dürfen spüren, dass wir gerade keine Kraft haben und nicht motiviert sind – und das zulassen. So haben wir die Chance, in all der Vielfalt, die das Leben heute bietet, bei uns selbst anzukommen.

Zum Thema Motivation gibt es viel psychologische Forschung – zum Loslassen, Abstand gewinnen, Leere zulassen hingegen deutlich weniger. Am meisten findet sich dazu wahrscheinlich in den fernöstlichen spirituellen Traditionen. Es ist jedoch überhaupt nicht nötig, sich in irgendwelche Lehren zu vertiefen. Es genügt völlig, das Loslassen einfach einmal auszuprobieren, in kleinen Schritten. Der allererste Schritt dazu findet im Kopf statt: Sobald ich den Gedanken zulasse, dass die Trias aus Wachstum, Selbstoptimierung und Dauermotivation nur ein zufälliges Programm sein könnte, das in unserer Gesellschaft abläuft, kann ich anfangen zu experimentieren. Ich brauche die Frage gar nicht zu beantworten, ob Wachstum und Optimierung gut oder schlecht sind. Sondern ich kann einen Weg finden, der für mich richtig ist und mich in die Balance bringt. Ich kann mir dann ausdrücklich erlauben, nicht motiviert zu sein. Ich schaue einfach, was in einer solchen demotivierten Phase passiert, sobald ich Kraftlosigkeit und Leere annehme und hinnehme, ohne sie zu bewerten.

Helfen kann dabei der Kontakt mit der Natur. Natur *ist,* sie bewegt sich im Kreislauf, folgt bestimmten Zyklen. Naturphänomene geschehen, und ich kann sie nicht ändern. Wenn es Winter ist, dann ist es Winter und eben nicht sonnig und heiß. Und wenn es dann wieder Sommer ist und heiß, wirklich heiß, so heiß, wie wir es gar nicht mehr mögen, dann ist auch das so. Es findet statt. Indem ich hinaus in die Natur gehe, nehme ich Kontakt mit den Naturphänomenen auf und lasse sie geschehen. Persönlich habe ich in den vergangenen Jahren viel davon gehabt, regelmäßig in der Natur zu sein. Wenn ich nicht unterwegs bin, gehe ich zu jeder Jahreszeit und bei jedem Wetter zumindest für eine Stunde am Tag hinter dem Haus in den Wald. Es sind gar nicht mal so sehr die Stille oder die frische Luft, die mir gut tun, wenn ich in der Natur bin – obwohl das natürlich auch hilft. Die Natur lehrt mich, zu sein. Zu sein, ohne perfekt zu sein. Mehr zu sein als zu werden. Auch in der Natur gibt es ein ständiges Werden, aber dieses Werden ist langsam, zyklisch, im Augenblick oft kaum sichtbar. Vor allem hat die Natur kein Ziel. Wir dagegen sind heute besessen von Zielen. Ich bin überhaupt kein Gegner von Zielorientierung, und selbstverständlich arbeite ich mit Führungskräften auch an ihren Zielen. Aber wir haben das richtige Maß verloren. Ziele stehen über allem, und für jedes neue Ziel brauchen wir wieder neue Motivation. In der Natur können wir lernen, auch einmal ziellos zu sein. Umherzustreifen und abzuwarten, wo es uns hinträgt.

Die Motivation für Neues kommt aus der Leere

Auch ich musste erst langsam lernen, mehr Pausen zu machen, Leere zuzulassen, ziellos zu sein. Es war ein Prozess. Je besser mir das mit der Zeit gelungen ist, desto mehr durfte ich erfahren, dass wahre Motivation aus der Ruhe kommt, aus der Stille, der Leere. Je tiefer ich heute in die Stille gehe, desto motivierter bin ich anschließend wieder und desto klarer sehe ich dann auch, was mein nächstes Ziel sein könnte.

Wenn Kinder sich langweilen, dann quengeln sie oft, damit die Erwachsenen mit ihnen spielen oder ihnen etwas geben, womit sie sich beschäftigen können. Geht man als Erwachsener nicht darauf ein und lässt die Kinder in ihrer Langeweile, dann fällt ihnen irgendwann selbst etwas ein, womit sie spielen oder was sie tun wollen. Sie haben eine Idee, sie werden kreativ. Manchmal erschaffen sie dann etwas aus dem, was sie gerade vorfinden, oder sie bauen eine Welt nur aus Gedanken. Aus der Leere entsteht das Neue, nicht aus der Fülle, dem Lärm. Das gilt nicht nur für Kinder, sondern für uns alle. Wenn ich etwas Neues erfinden, entwickeln, erschaffen will, ganz egal, ob beruflich oder im Privatleben, dann brauche ich Platz dafür. Wir werden heute beim ersten Gedanken an etwas Neues sofort aktiv, formulieren ein Ziel, visualisieren es und fragen uns, wie wir uns motivieren könnten, dieses Ziel zu erreichen. Probieren wir doch öfter, erst einmal nichts zu tun! Gehen wir in die Stille und lassen wir das Ziel sich zeigen, aus der Leere heraus. Laut der Quantenphysik besteht unser Universum zu mehr als 99,9 Prozent aus Leere. Alles, was entsteht, kommt aus der Leere und ist nur ein Quäntchen mehr als Leere.

Von der Natur können wir lernen, dass alles im Leben schon da ist. Wir haben alles, wir müssen nur richtig hinsehen. Es gibt gar nicht mehr so viel zu optimieren, wie wir immer meinen. Diese Erkenntnis bedeutet nicht, dass wir aufhören sollten, uns Ziele zu setzen, Dinge neu zu erschaffen oder etwas Altes, das seine Zeit gehabt hat, durch etwas Neues zu ersetzen. Es bedeutet lediglich die Freiheit, alles etwas spielerischer zu tun! Sobald ich erkenne, dass mein Überleben nicht davon abhängt, jeden Tag voll motiviert zu sein, kann ich entspannter die Dinge tun, die mir wirklich Freude bereiten. Ich kann meinen Neigungen nachgehen und mich an meinen Fähigkeiten erfreuen, ohne Angst, dass ich nicht das Optimum aus meinem Leben heraushole. Darin besteht übrigens auch eine der großen Chancen des Älterwerdens. Wenn die Kräfte etwas nachlassen und damit auch der Motivationsdrang, kann ich mehr auf mich schauen und auf das, was ich wirklich will. Zwischen 30 und 40 Jahren habe ich selbst ständig

Vollgas gegeben – heute, mit 50 Jahren, bin ich nicht mehr motiviert, auf jeden Zug aufzuspringen. Das Minus an Motivation bedeutet für mich ein Plus an Lebensqualität. Und weil ich inzwischen gelernt habe, mich zu beschränken, macht es mir auch weniger aus, wenn mir einmal von außen Beschränkungen auferlegt werden.

Als uns im Jahr 2020 die Coronapandemie den ersten Lockdown bescherte, war dies eine hohe Belastung für viele Berufsgruppen – auch für meine. Etliche Kollegen und Kolleginnen, die wie ich Präsenz-Trainings anbieten und häufig als Redner und Rednerinnen auftreten, hatten sogar Existenzangst. Viele stellten sehr schnell auf digitale Formate um. Nur wer richtig Geld in die Hand nehme und in Technik investiere, würde das Rennen machen und weiterhin Aufträge bekommen, hieß es. Alle anderen würden abgehängt. Ich habe während des Lockdowns erst einmal gar nichts gemacht. Für mich war es eine von außen verordnete Auszeit. Ich habe versucht, die Dinge nicht so schnell zu bewerten und mich nicht über alles Mögliche aufzuregen – was mir nicht immer gelang, aber meistens. Ich bin still geworden und habe in der Stille das Vertrauen gefunden, dass es eine Lösung geben wird. Wenn nicht sofort, dann nach einer gewissen Zeit. Am Ende bin ich sehr gut durch die Krise gekommen. Die Dinge haben sich gefügt, und meine Kunden haben mir die Treue gehalten. Ich behaupte damit keineswegs, alles richtig gemacht zu haben, während andere alles falsch gemacht haben. Ich behaupte nur, dass es wahrscheinlich keinen Unterschied gemacht hätte, wäre ich in hektische Aktivität ausgebrochen. Diese intuitive Erkenntnis – und letztlich Gewissheit – kam mir in der Stille.

Sobald wir unsere Dauermotivation einmal in der Tiefe hinterfragen, landen wir schnell bei ausgesprochen kindlichen Motiven. Unser Drang, auf jeden Zug aufzuspringen und immer mitzumachen, was alle machen, hat mit Gefallenwollen zu tun. Und der Wunsch, anderen zu gefallen, kommt aus unserem Kind-Ich. Als innerlich Erwachsener bin ich empathisch und vermeide es, andere ständig vor den Kopf zu stoßen. Aber ich muss niemandem gefallen. In den Medien ist häufig von »gierigen« Managern und Managerinnen die Rede – ich habe in 20 Jahren Training und Coaching von Führungskräften niemanden erlebt, den ich als gierig bezeichnen würde, dafür aber sehr viele mit einem kindlichen Bedürfnis, zu gefallen und anerkannt zu werden. Wenn alle immer mehr machen und immer mehr haben wollen, dann muss ich das scheinbar auch, um anerkannt zu sein. Das hat mit Gier nichts zu tun. Sobald ich zur Ruhe komme und mehr bei mir selbst bin, kann ich aus dem Steigerungsspiel aussteigen, ohne zu befürchten, dass mich niemand mehr mag. Ich mache dann vielleicht immer noch Karriere, aber nicht mehr um jeden Preis. Ich habe wahrscheinlich auch weiterhin Wünsche, aber es muss nicht mehr alles immer größer und beeindruckender sein. Ich bin mit meiner Familie glücklich, einfach weil es meine Familie ist. Ich bin auch mit meinem Haus oder meiner Wohnung zufrieden. Wenn die Nachbarn schon wieder umbauen oder anbauen, ist das ihre Sache. Ich schaue lieber auf das, was ich habe, als auf das, was andere haben und ich nicht. Weil ich Frieden geschlossen habe mit mir und meinen Lebensumständen, kann ich auch zu*frieden* sein. In dieser Grundzufriedenheit ist Raum für eine Motivation, die meinen Lebensmotiven entspringt. Doch wie sehen diese überhaupt aus?

Leben gemäß unseren wirklichen Motiven

Als ich mich mit den 16 Lebensmotiven nach Steven Reiss eingehend beschäftigt und auch mein eigenes »Reiss-Profil« verstanden und akzeptiert hatte, dachte ich: »Das ist radikaler Humanismus!« Steven Reiss (1947–2016) traute sich zu sagen: So ist es! Hier sind 16 wissenschaftlich belegbare Motive, die Menschen in verschiedener Ausprägung besitzen. Der eine hat zum Beispiel ein starkes Machtmotiv, will Einfluss auf Dinge nehmen, führen und entscheiden. Der andere hat das nicht oder nicht so sehr. Er orientiert sich lieber an anderen und kann damit vielleicht ein guter Dienstleister sein. Die eine möchte unabhängig, frei und eigenständig sein, während die andere lieber emotional verbunden und deshalb teamorientiert ist. Einige sind intellektuell neugierig, andere mehr praktisch und umsetzungsorientiert. Nicht alle machen sich etwas aus genussvollem Essen, einige wollen auch bloß Nahrung aufnehmen, um ihren Hunger zu stillen. Ähnlich ist es mit Sport und Sex. Reiss geht hin und sagt: Dieses Bedürfnis hast du mehr, das andere weniger. Daran gibt es nichts zu entwickeln und zu optimieren! Sämtliche Motive sind weder gut noch schlecht. Erkenne dich selbst und was dich antreibt. Dann gestalte dein Leben so, dass du gemäß deiner Motivation leben kannst und dir nicht selbst im Weg stehst. Diese Sichtweise beeindruckt mich.

Wenn ich heute im Coaching mit Reiss-Profilen arbeite, erlebe ich häufig, dass dies für Menschen Überraschungen bereithält. Mir ging es beim Kennenlernen meiner eigenen Lebensmotive genauso. Es gibt Motive, mit denen wir uns identifizieren, und solche, die uns weniger willkommen oder sogar unangenehm sind. Das liegt daran, dass wir uns nicht unvoreingenommen auf eine Reise in unser Inneres begeben. Wir sind nicht einfach offen und neugierig auf das, was uns da erwartet, sondern wir sehen uns immer auch von außen und messen uns mit den Maßstäben der Gesellschaft, in der wir leben. Wir haben die Erwartungen anderer an uns verinnerlicht, sind vielleicht sogar während der Kindheit wegen der Äußerung bestimmter Bedürfnisse bestraft oder beschämt worden. Deshalb schwingt die Außensicht immer mit, wenn wir auf uns selbst schauen. Das ist einer der Hauptgründe, warum psychologische Testverfahren, die auf Selbsteinschätzung beruhen, manchmal verzerrte Ergebnisse liefern: Wir durchschauen, worauf einzelne Fragen hinauslaufen, und antworten mehr so, wie wir gerne gesehen werden möchten, als so, wie wir tatsächlich sind.

Bin ich aber bereit, radikal ehrlich zu mir selbst zu sein, dann ist ein Modell wie das von Steven Reiss eine große Chance, in die Reflexion zu kommen und den Kampf um die »richtige« Motivation zu beenden. Nach Reiss stehen meine Lebensmotive fest. Ich kann das akzeptieren und damit Frieden schließen. Diejenigen Motive, die ich anfangs nur schwer annehme, weil ich damit in meinem sozialen Umfeld nicht glänzen kann oder mich aufgrund schlechter Erfahrungen unwohl fühle, sind häufig meine »Schattenanteile« im Sinne des Psychologen C. G. Jung. Wenn ich es schaffe, meinen Schatten zu akzeptieren und zu integrieren, komme ich aus einem inneren Zwiespalt heraus und beende auch viele Konflikte in der Außenwelt. Keines meiner Lebensmotive ist besser oder schlechter, sondern es ist immer nur die Frage, wo und wie ich gemäß meinen Motiven gut leben und innerlich im Frieden sein kann. Wenn ich in einem System auf eine Weise funktionieren soll, die meinen Lebensmotiven nicht entspricht, dann ist klar, dass ich Dauermotivation und ständig neue Impulse brauche, um überhaupt durchzuhalten. Habe ich das erkannt, komme ich vielleicht zu dem Entschluss, das System zu verlassen. Oder ich finde einen Weg, meine Rolle im System so zu verändern, dass sie mehr meinen Motiven entspricht.

In den zehn Kapiteln dieses Buchs geht es immer wieder darum, wie man als Führungskraft aus dem Kampf kommt – und ich als Autor habe in meinem Reiss-Profil selbst einen hohen Wert beim Kampfmotiv! Das ist kein Widerspruch. Denn wer würde ein Buch wie dieses von einem Autor lesen wollen, der noch nie gekämpft hat und Konflikten stets aus dem Weg gegangen ist? Das wäre wie ein Liebesroman von einem Autor, der nie geliebt hat. Gerade weil ich selbst eine kämpferische Seite habe, kann ich Führungskräften sagen: »Gehe raus aus den Kämpfen, die du nicht gewinnen kannst! Schließe Frieden mit dem, was du nicht ändern kannst!« Frieden zu schließen, bedeutet für mich nicht, mein Kampfmotiv zu verdrängen und zu verleugnen. Stattdessen frage ich mich, wie ich es integrieren und so leben kann, dass es mir Kraft gibt, statt mich auf Kampfplätze zu locken, auf denen ich in jeder Hinsicht nur verlieren kann. Bereit zum Kampf zu sein, kann ja zum Beispiel auch bedeuten, mutig für seine Wahrheit einzutreten und keine Angst vor Kritik und Widerspruch zu haben. Alles, was wir an Motiven integrieren, macht uns schließlich gelassener. Wir sind freier und haben weniger Angst. Wir lassen zu, was ist, und sind damit im Frieden.

Mitarbeitende ihre eigenen Motive entdecken lassen

Sobald ich mit mir selbst im Frieden bin, entfalte ich wahre Führungskraft. Wenn ich gelernt habe, mir in der Stille zu begegnen, entdecke ich vielleicht auch neu, was mich motiviert, meine Arbeit zu machen und sie gut zu machen. Es ist mittlerweile schon ein Klischee, dass Führungskräfte Begeisterung für ihren Job empfinden und diese auch ausstrahlen sollen. Es stimmt allerdings wirklich. Oder sagen wir: Damit fängt es an, das ist der erste Schritt. Erst komme ich, kommen meine Motive, dann kommen die Anforderungen des Systems und der Mitarbeitenden. Andersherum funktioniert es nicht. Sobald ich den Kampf aufgebe und mich nicht mehr künstlich in einen Zustand der Dauermotivation versetze, darf ich mich neu fragen, was mich im Leben und speziell im Beruf tatsächlich motiviert. Das Modell von Steven Reiss ist dafür nur ein mögliches Hilfsmittel. Ich darf für mich klären, was mich an meinem Job begeistert. Nicht nur an der Tätigkeit an sich, auf der Sachebene, sondern auch an den Menschen, mit denen ich zu tun habe, am Umfeld, an den Produkten, den Kunden, an allem, was für mich dazugehört. Wenn ich einmal überlege, gibt es da sicher einiges, was zu meinen Motiven passt. Erst nach dem eigenen Klärungsprozess wende ich mich dem System zu, insbesondere den Mitarbeitenden.

Verlangt das System von mir, dass ich Mitarbeitende motiviere, dann verlangt es von mir etwas eigentlich Unmögliches. Wenn ich mit allen möglichen Methoden, Impulsen und Tricks versuche, Dauermotivation auf einem gleichbleibend hohen Level zu erzeugen, dann gerate ich in den Kampf. Viele Mitarbeitende werden vielleicht versuchen, meinen Erwartungen gerecht zu werden, können es aber eigentlich gar nicht. So kommt es zu immer mehr Unstimmigkeiten und Konflikten. Am Ende habe ich es mit Demotivation statt mit Motivation zu tun. Die einen machen ihren Job nicht mehr gut, die anderen gehen in den Widerstand. Was kann ich tun? Ich muss mit den Menschen ins Gespräch kommen. Ich muss selbstbewusst sein und bereit, mich im Dialog zu öffnen. Ich muss vor allem wissen, was mich selbst begeistert und am Ende eines Arbeitstags zufrieden sein lässt. Dann kann ich mit meinen Mitarbeitenden über deren Motive und Motivation sprechen – aber auch nur dann. Wenn Menschen spüren, dass ich selbst nicht weiß, was ich will und wozu ich auf meinem Sessel sitze, werden sie sich mir gegenüber nicht offenbaren.

Wenn ich wahre Führungskraft besitze, kann ich unvoreingenommen und ohne zu konkrete Erwartungen in den Dialog mit Mitarbeitenden gehen. Ich kann offen fragen, was den Menschen an ihrer Arbeit gefällt – und erzähle dabei auch von meinen eigenen Motiven. Wenn jemand sagt: »Eigentlich bin ich nur wegen der netten Kollegen hier« oder »Ich arbeite gerne in einem schönen und gepflegten Umfeld«, dann ist das wunderbar! Es gibt hier kein »richtiges« oder »gewünschtes« Motiv. Es sollten lediglich genügend Motive dabei sein, die zu den Zielen der Organisation und den konkreten Anforderungen des Arbeitsplatzes passen. Manchmal muss man danach vielleicht ein bisschen suchen und dabei »um die Ecke denken«. Findet sich gar nichts oder zu wenig, dann darf es auch kein Tabu sein, getrennte Wege in Betracht zu ziehen. Wahre Führungskraft heißt in einer solchen Situation, deutlich zu machen, dass ich eine Kündigung nicht als Beleidigung auffassen, sondern den Weg der Neuorientierung unterstützen werde. Und wer weiß? Vielleicht kommt die Person später sogar wieder zurück? Dann hat sie erst die Leere, die Lücke gebraucht, um ihre Antworten zu finden.

Souverän ist, wenn ich den Mitarbeitenden schließlich sagen kann, dass es völlig legitim ist, nicht auf dauerhaft hohem Level motiviert zu sein. Pausen sind nötig und Phasen weniger hoher Produktivität ganz natürlich. Es ist okay, einfach einmal eine Zeit lang mit dem zufrieden zu sein, was man erreicht hat, und sich darüber zu freuen. Damit meine ich nicht die wilde Projektabschluss-Party am Freitagabend, bei der alle den Gedanken in Alkohol ertränken, dass am Montagmorgen schon wieder das nächste große Projekt startet. Sondern ich meine, zwischendurch wirklich einmal zur Ruhe zu kommen. Denn Zufriedenheit ist nicht das Ende, sondern der Anfang. Zufriedenheit ist die Basis für neue, kraftvolle Motivation. Wenn ich unzufrieden bin, werde ich es bleiben, egal, welches anspruchsvolle Ziel ich erreiche. Bin ich zufrieden und mit mir im Reinen, freue ich mich zur rechten Zeit auf das nächste Ziel. Ich fühle mich dazu wirklich motiviert und nicht unnatürlich gepusht. Um in einen solchen positiven inneren Zustand zu kommen, müssen wir selten einen anderen Job machen. Es genügt meist, unseren Job anders zu machen.

Übung: Wohltuende Leere

Lassen Sie uns ein letztes Gedankenexperiment machen. Es ist ein Experiment für mehr Leere zu mehr Fülle. Nicht mehr und nicht weniger:

1. **Gibt es in meinem Leben noch Momente der Ruhe und Stille?**

2. **Kann ich noch gut mit mir allein sein, wie fühlt sich das an?**

3. **Gönne ich mir noch Momente des Nichtstuns, der Demotivation und der »Langen-Weile«?**

4. **Darf ich neben all meinen Zielen auch mal ziellos sein?**

5. **Vertraue ich auch dem Leben, dem Zu-Fall, ohne dafür immer etwas leisten zu müssen?**

Sie werden die richtige Entscheidung über Ihre Balance aus Ruhe und Bewegung treffen!

Nachwort: Die Leichtigkeit am Ende aller Kämpfe

Was geschieht, wenn wir einen Kampf beenden? Wenn wir uns entscheiden, Frieden mit etwas zu schließen, das wir nicht ändern können? Wir erleben Erleichterung. Sie stellt sich unmittelbar ein. Sie ist körperlich spürbar. Wenn wir jetzt beim Friedensschluss bleiben, verhalten wir uns zwangsläufig anders. Es verändert sich gleichzeitig auch unser Erleben dessen, was wir in einer Führungsrolle täglich tun. Leichtigkeit hält Einzug. Aus kurzzeitiger Erleichterung wird Leichtigkeit auf Dauer. Es ist eine Leichtigkeit, die wir uns vielleicht schon lange gewünscht haben, von der wir aber nicht wussten, wie wir sie erreichen können. Wir mussten erst lernen, dass Leichtigkeit kein Ziel ist, das man sich setzt und zu verwirklichen strebt. Vielmehr sind die Leichtigkeit des Lebens, des Miteinanders und damit schließlich auch die Leichtigkeit des Führens immer schon da. Weil wir in so viele Kämpfe verstrickt waren, gaben wir der Leichtigkeit keinen Raum mehr. Irgendwann waren wir so sehr zu Kämpfern geworden, dass wir an Leichtigkeit gar nicht mehr glaubten. Wir hielten sie für eine Illusion, etwas nicht Realistisches. Das lag jedoch daran, dass wir im Kampfmodus waren. Sind wir raus aus dem Kampf, kehrt die Leichtigkeit zurück. Sobald wir nicht mehr kämpfen, wird auch Führung leicht.

Wenn ich Gefahr laufe, in den Kampfmodus zu fallen, holen mich drei Eigenschaften, drei Haltungen zuverlässig da heraus und lassen die Dinge für mich wieder leicht werden: Klarheit, Gelassenheit und Offenheit. Ich frage mich: Bin ich innerlich klar? Bleibe ich gelassen? Und bin ich wirklich offen für das, was geschehen könnte? Klarheit bedeutet mehr als Klärung von Sachverhalten. Klarheit heißt, sich etwas bewusst zu machen, das bisher im Schatten lag. In sämtlichen Kapiteln dieses Buchs gibt es einen Anteil von Klarheit. Klarheit lässt verstehen, was einen Kampf ausmacht und warum wir in ihn verstrickt sind. Es gibt sicher noch mehr Kampfplätze, als ich sie in diesem Buch beschreibe. Wenn wir dort nicht landen wollen, brauchen wir Klarheit. Das bedeutet auch Klarheit über unsere Führungsrolle. Es ist tatsächlich eine Rolle, eine Funktion, nicht mehr und nicht weniger. Was wir beruflich tun, wird uns niemals innerlich ganz erfüllen. Erfüllung kommt von innen, nicht von außen und sieht für jeden Menschen anders aus. Wir sollten Job und Karriere ernst nehmen, uns aber auch nicht zu viel davon versprechen.

Dann bleiben wir gelassen. Wir erkennen, dass das Meiste im Leben einfach geschieht und unsere Möglichkeiten, Dinge zu steuern, begrenzt sind. Das ist keine Aufforderung, die Hände in den Schoß zu legen. Was zu tun ist, soll getan werden. Doch meistens nehmen wir uns zu viel vor. Zumindest zu viel auf einmal. Das loszulassen, wirkt zutiefst befreiend. Es bedeutet, das Leben als das sehen zu können, was es ist. Für viele von uns ist es ein großes Rätsel. Aber es ist auch ein schönes Rätsel, ein Abenteuer, das nie langweilig wird. Wenn wir uns erlauben, ab und zu in unser freies Kind-Ich zu gehen, dann lassen wir das Abenteuer des Lebens wieder mehr zu. Wir sehen dann nicht länger nur Probleme, nur Konflikte, nur Dinge, die dringend geändert oder verbessert werden müssen. Sondern wir sehen auch wieder mehr das Schöne, Natürliche, Gegebene. Das, was einfach sein darf, wie es ist. Diese Sichtweise macht uns schließlich auch offen. Mit Offenheit meine ich hier nicht Offenheit für neue Ideen oder für verschiedene Lebensformen im Sinne von Diversität. Solche Formen der Offenheit sind für Führende auch wichtig, das ist gar keine Frage. Wirkliche Offenheit bedeutet für mich, das Andere zuzulassen – auch das Unerwünschte, die dunklen Momente. Wenn ich offen bin, dann müssen die Dinge für mich nicht mehr perfekt sein, sondern sie dürfen sich in unterschiedliche Richtungen entwickeln – auch in überraschende, nicht kontrollierbare. Die Frage lautet dann: Kann ich im Augenblick zufrieden sein, kann ich Freude zulassen und gleichzeitig offen sein für etwas, das sich erst noch zeigen wird?

Am Ende kann ich sogar loslassen, stets gelassen sein zu wollen oder immer nur friedlich oder stets nur mit Leichtigkeit unterwegs. Perfektionismus kann auch durch die Hintertür zurückkommen. Hüten wir uns davor, indem wir zulassen, was ist. Indem wir aufhören, alles sofort zu bewerten und uns auch selbst ständig zu kritisieren. Was sich zeigt, das zeigt sich, auch wenn es uns im Moment ungelegen kommt. Wenn wir ständig besorgt sind, wir könnten wieder verlieren, was wir uns erarbeitet haben, wie wir uns positiv verändert haben, welche inneren Fortschritte wir gemacht haben, dann ist auch die Angst wieder da. Mir ging es in diesem Buch weniger um Veränderung und Entwicklung als um Vertrauen in sich selbst und das Leben sowie um die Fähigkeit, annehmen zu können, was ist. Das sind für mich die Schlüssel zu wahrer Führungskraft.

Über den Autor

© Peter Winkler

Michael Jahn zählt zu den profiliertesten Trainern und Coachs im deutschsprachigen Raum. Seine Passion ist es, Menschen in Organisationen und Unternehmen das Leben leichter zu machen – ob in der Zusammenarbeit, im Führungsprozess oder bei tiefgreifenden Veränderungsprozessen. Im Anschluss an ein Pädagogikstudium arbeitete Michael Jahn zunächst viele Jahre als angestellte Führungskraft. Er durchlief als Projektleiter, Teamleiter und später sogar als Vorstandsvorsitzender vielfältige Führungspositionen, ehe er im Jahr 2000 die Firma SP Training & Consulting gründete. Das heute an vier Standorten vertretene Unternehmen war in den 2000er-Jahren einer der Pioniere des Outdoor-Trainings in Deutschland und begleitet bis heute namhafte Kunden aus dem In- und Ausland in deren Organisationsentwicklung.

Unter der Solo-Marke »Jahn Live« wurde Michael Jahn in den vergangenen Jahren zum gefragten Coach und Mentaltrainer für Führungskräfte, Politikerinnen und Politiker sowie Profisportlerinnen und -sportler.

Der Vater zweier erwachsener Kinder hat Lehraufträge an mehreren Fachhochschulen und Universitäten und ist zunehmend als Keynote-Speaker bei Tagungen und Kongressen sowie Events großer Unternehmen gefragt. Insgesamt haben mittlerweile mehr als 60 000 Teilnehmende in über 3 000 Veranstaltungen Michael Jahn live erlebt.

Website des Trainingsunternehmens: **www.sp-training-consulting.de**
Persönliche Website als Speaker, Trainer und Coach: **www.jahn-live.de**